全国高职高专教育土建类专业教学指导委员会规划推荐教材
职业教育工程造价专业实训规划教材
总主编：袁建新

建筑安装工程造价计算实训

主　编　袁　鹰
副主编　龙乃武
主　审　袁建新

中国建筑工业出版社

图书在版编目（CIP）数据

建筑安装工程造价计算实训/袁鹰主编. —北京：中国建筑工业出版社，2016.3
（全国高职高专教育土建类专业教学指导委员会规划推荐教材. 职业教育工程造价专业实训规划教材）
ISBN 978-7-112-19286-1

Ⅰ.①建… Ⅱ.①袁… Ⅲ.①建筑安装-工程造价-工程计算-高等职业教育-教材 Ⅳ.①TU723.3

中国版本图书馆CIP数据核字(2016)第060964号

《建筑安装工程造价计算实训》是按照《建设工程工程量清单计价规范》GB 50500—2013等现行行业规范编写的高职工程造价专业实训教材。本教材分为手工计算和软件计算建筑安装工程造价两篇。手工计算部分涵盖了：建筑安装工程造价计算实训概述、建筑安装工程造价计算知识和能力分析、建筑与装饰工程定额计价方式下工程造价实训、清单计价方式下的工程造价实训方案、定额计价方式下工程造价实训方案该教材中不同的实训内容。软件计算部分包括：软件概述、常用操作方法、案例、建设项目组成、结果输出，并附有实训作业。本课程可以在造价专业课程教学中进行，也可以在一门专业课程结束后进行，还可以在全部专业课程结束后进行。

本教材适合高职工程造价专业教学和实训使用，也适合工程造价初学者训练建筑工程量计算基本功使用。

本书配套资源请进入http://book.cabplink.com/zydown.jsp页面，搜索图书名称找到对应资源点击下载（注：配套资源需免费注册网站用户并登录后才能完成下载，资源包解压密码为本书征订号）。

责任编辑：张　晶　吴越恺
责任校对：李欣慰　刘梦然

全国高职高专教育土建类专业教学指导委员会规划推荐教材
职业教育工程造价专业实训规划教材
总主编：袁建新
建筑安装工程造价计算实训
主　编　袁　鹰
副主编　龙乃武
主　审　袁建新
*
中国建筑工业出版社出版、发行（北京西郊百万庄）
各地新华书店、建筑书店经销
北京红光制版公司制版
北京中科印刷有限公司印刷
*
开本：787×1092毫米　1/16　印张：10¾　插页：4　字数：264千字
2016年7月第一版　2016年7月第一次印刷
定价：**26.00**元（附网络下载）
ISBN 978-7-112-19286-1
(28546)

序

为了提高工程造价实训的效率和质量，我们组织了工程造价专业办学历史较长、专业课程教学和实训能力较强的几所建设类高职院校的资深教师，编写了工程造价专业系列实训教材。

本系列教材共5本，包括《建筑工程量计算实训》、《建筑水电安装工程量计算实训》、《钢筋翻样与算量实训》、《建筑安装工程造价计算实训》和《工程造价实训用图集》这些内容是工程造价专业核心课程的技能训练内容。因此，该系列教材也是工程造价专业进行核心技能训练的必备用书。

运用系统的理念和螺旋进度教学的思想，将工程造价专业核心技能的训练放在一个系统中构建和应用螺旋递进的方法编写工程造价专业系列实训教材，是我们建设职教人新的尝试。实训是从掌握一个一个方法开始的，工程造价实训先从较小的简单的单层建筑物工程的工程量计算（工程造价）开始，然后再继续计算较复杂建筑物的工程量（工程造价），一层一层地递进下去。这一思路符合学生的认知规律和学习规律。这就是"螺旋进度教学法"在工程造价实训过程中的应用与实践。

本系列教材还拓展了上述课程的软件应用介绍和实训。软件应用内容是从学习的角度来写的，一改原来软件操作手册的风格，为学生将来快速使用新软件打下了基础。

在学习中实践、在实践中学习，这是职业教育的本质特征。本系列教材设计的内容就是试图让学生边学习边完成作业。因而教材内容中给学生留了从简单到复杂、从少量到多量的独立完成的作业内容，由教师灵活地组织实践教学，学生课内外灵活完成作业。

愿经过我们与各兄弟院校共同完成好工程造价专业的实训，为社会培养掌握更多熟练技能的造价人才。

全国高职高专教育土建类专业教学指导委员会

工程管理类专业分指导委员会

前　言

《建筑安装工程造价计算实训》是按照《建设工程工程量清单计价规范》GB 50500—2013、《房屋建筑与装饰工程工程量计算规范》GB 50084—2013、《通用安装工程工程量计算规范》GB 50854—2014 以及现行工程造价的相关规定进行编写的高职工程造价专业实训教材。

《建筑安装工程造价计算实训》是一门与建筑工程预算、装饰工程预算、工程量清单计价、建筑工程造价、建筑工程计量与计价、水电安装工程预算、水电安装工程工程量清单计价等理论课程紧密配套的技能训练课程。该教材中不同的实训内容，可以在造价专业课程教学中进行，也可以在一门专业课程结束后进行，或在全部专业课程结束后进行。

本实训教材的主要特点，一是该实训教材适用范围广，具有一定的灵活性。基于各地定额不一致、取费不一的情况，本教材为了拓展学生的认知，在实践操作题中通过变换费用计取的办法，让学生认识到费用计算方法的多样性，克服单一、教条的学习方式。同时为了适应不同地区、不同学校的教学需要，在练习题中，有的只给定部分已知条件，由老师根据当地定额、费用文件的具体等要求，引导学生完善条件来进行造价的各项费用计算，满足了各地计价方法与内容的差异性要求。二是采用了由浅入深、由点及面的螺旋进度教学法，将建筑安装工程造价的技能训练内容按照定额计价和清单计价两种方式，分别划分为几个阶段（层面），通过各个阶段（层面）的反复实训，达到掌握好建安工程造价计算方法和技能的目的。

本书由四川建筑职业技术学院袁鹰担任主编，深圳斯维尔科技有限公司龙乃武担任副主编，四川建筑职业技术学院袁建新担任主审。四川建筑职业技术学院吴英男、刘小满参加编写。其中吴英男编写了第 2 章第 2.3 节、2.5 节的内容，刘小满编写了第 5 章和第 6 章的内容，其余各章由袁鹰编写。软件计算建筑安装工程造价的内容由深圳斯维尔科技有限公司龙乃武编写。

编写出高质量的、工学结合紧密的实训教材，是我们努力的目标。由于我们水平有限，书中难免存在错误或不妥之处，敬请广大师生和读者及时反馈，提出宝贵意见。

目　　录

第1篇　手工计算建筑安装工程造价

第2篇 软件计算建筑安装工程造价

第1篇　手工计算建筑安装工程造价

1　建筑安装工程造价计算实训概述

1.1　建筑安装工程造价计算实训性质

建筑安装工程造价计算实训是与建筑工程预算、装饰工程预算、工程量清单计价、建筑工程造价、建筑工程计量与计价、水电安装工程预算、水电安装工程工程量清单计价等理论课程紧密配套的技能训练课程。

1.2　建筑安装工程造价计算实训的特点

建筑安装工程造价计算实训是一项由简单到复杂、由单一到综合的系列训练项目。可以在建筑工程预算、装饰工程预算、工程量清单计价、建筑工程造价、建筑工程计量与计价等课程教学中进行，也可以在一门课程结束后进行或在全部专业课程结束后进行。本教材是按“螺旋进度教学法”的思路构建和编排建筑安装工程造价计算实训内容。

1.3　建筑安装工程造价计算用图

建筑安装工程造价计算的课内实训阶段、单门课程结束后实训阶段和全部专业课程结束后的实训主要采用本系列实训教材配套的实训用图。

1.4　建筑安装工程造价计算实训内容包含的范围

建筑安装工程造价计算实训内容包括建筑工程、装饰工程、安装工程的定额计价和清单计价的工程造价计算技能训练。

1.5　建筑安装工程造价计算实训内容与理论知识内在关系

定额计价方式建筑安装工程造价计算实训与知识点分析见表1-1。清单计价方式建筑安装工程造价计算实训与知识点分析见表1-2 。

定额计价计价方式建筑安装工程造价计算实训与知识点分析表　　表 1-1

造价员岗位工作	主要费用计算能力	实训内容			主要计算方法	说明
1. 建筑工程预算编制 2. 装饰工程预算编制 3. 安装工程预算编制	分部分项工程费计算	计算直接工程费	方法一	计算并汇总定额基价的直接工程费 (1)计算定额人工费 (2)计算定额机械费	直接工程费＝Σ(分部分项计价工程量×定额基价) 定额人工费＝Σ(分部分项计价工程量×定额人工费单价) 定额机械费＝Σ(分部分项计价工程量×定额机械费单价)	方法一：适用于有基价的定额。 工料机费用都应进行价差调整。 直接工程费＝定额基价直接工程费＋人工费价差调整＋材料费价差调整＋机械费价差调整
				计算并汇总材料消耗量	材料消耗量＝Σ(分部分项计价工程量×定额材料消耗量)	
				分部分项材料价差调整 (1)人工费价差调整 (2)机械费价差调整	材料价差调整＝Σ(分部分项材料消耗量×各材料单价价差) 人工费价差调整＝分部分项定额人工费×调整系数 机械费价差调整＝分部分项定额机械费×调整系数	
			方法二		直接工程费＝Σ(分部分项工程量×定额工料机消耗量×工料机单价)	方法二：适用于只有消耗量的定额，不必再进行价差调整
		分部分项工程管理费			分部分项工程管理费＝计算基础×管理费费率	计算基础和费率各地不同
		分部分项工程利润			分部分项工程利润＝计算基础×利润率	计算基础和利润率各地不同

续表

造价员岗位工作	主要费用计算能力	实训内容				主要计算方法	说明
1. 建筑工程预算编制 2. 装饰工程预算编制 3. 安装工程预算编制	措施项目费计算	计算总价措施项目费				总价措施项目费=Σ(计算基础×费率)	计算基础和费率各地不同
		计算单价措施项目费	单价措施项目基价	方法一	计算并汇总定额基价单价措施项目费 (1)措施项目定额人工费 (2)措施项目定额机械费	定额基价单价措施项目费=Σ(单价措施项目计价工程量×定额基价) 措施项目定额人工费=Σ(单价措施项目计价工程量×定额人工费单价) 措施项目定额机械费=Σ(单价措施项目计价工程量×定额机械费单价)	适用于有基价的定额。 工料机费用都应进行价差调整。 单价措施项目基价=定额基价单价措施项目费+人工费价差调整+材料费价差调整+机械费价差调整。若采用只有消耗量的定额，同以上方法二
					计算并汇总材料消耗量	材料消耗量=单价措施项目定额机械费×调整系数=Σ(单价措施项目计价工程量×定额材料消耗量)	
					单价措施项目材料价差调整 人工费价差调整 机械费价差调整	材料费价差调整=Σ(单价措施项目材料消耗量×各材料单价价差) 人工费价差调整=单价措施项目定额人工费×调整系数 机械费价差调整=单价措施项目定额机械费×调整系数	
				方法二		材料消耗量=Σ(单价措施项目清单工程量×定额工料机消耗量×工料机单价)	
			单价措施项目管理费			=计算基础×管理费费率	计算基础和费率及利润率根据本地区工程造价行政主管部门的规定确定
			单价措施项目利润			=计算基础×利润率	

续表

造价员岗位工作	主要费用计算能力	实训内容	主要计算方法	说　明
1. 建筑工程预算编制 2. 装饰工程预算编制 3. 安装工程预算编制	其他项目费计算	计算暂列金额	=计算基础×费率	计算基础和费率根据本地区工程造价行政主管部门的规定确定
		计算暂估价	=发包人分包的专业工程暂估价	
		计日工	=Σ(计日工消耗量×合同约定单价)	
		总承包服务费	=发包人分包的专业工程暂估价×费率+发包人自行采购的材料、设备费×费率	
	规费计算	社会保险费	=计算基础×费率	
		住房公积金	=计算基础×费率	
		工程排污费	根据当地有关部门规定计算	
		地方规费	根据当地有关部门规定列项并计算	
	税金计算	营业税、城市维护建设税、教育费附加、地方教育附加	=(分部分项工程费+措施项目费+其他项目费+规费)×综合税率	
	工程造价计算	建安工程费	=分部分项工程费+措施项目费+其他项目费+规费+税金	

清单计价方式建筑安装工程造价计算实训与知识点分析表 表 1-2

造价员岗位工作	主要费用计算能力	实训内容	主要计算方法
1. 编制招标控制价 2. 编制投标报价	分部分项工程费计算	计算计价工程量	根据给定的图纸、已知条件和自主选择的定额计算
		计算综合单价	根据清单工程量、计价工程量、定额、工料机单价计算 综合单价=人工费+材料费+机械费+管理费+利润
		计算分部分项定额人工费	=Σ(分部分项清单工程量×综合单价的定额人工费)
		汇总分部分项工程费	=Σ(分部分项清单工程量×综合单价)
		计算材料暂估价	=Σ(分部分项清单工程量×综合单价材料暂估价)
	措施项目费计算	计算总价措施项目费	=Σ(计算基础×费率)
		计算单价措施项目费	=Σ(措施项目清单工程量×综合单价)
		计算单价措施项目清单定额人工费	=Σ(措施项目清单工程量×综合单价)
	其他项目费计算	计算暂列金额	=计算基础×费率
		计算暂估价	=发包人分包的专业工程暂估价、材料暂估价
		计算计日工	=计日工消耗量×合同约定单价
		计算总承包服务费	=发包人分包的专业工程暂估价×费率+发包人自行采购的材料、设备费×费率
	规费计算	计算社会保险费	=计算基础×费率
		计算住房公积金	=计算基础×费率
		计算工程排污费	根据当地环保部门规定计算
		计算地方规费	根据当地有关部门规定列项并计算
	税金计算	计算营业税、城市维护建设税、教育费附加、地方教育附加	=(分部分项工程费+措施项目费+其他项目费+规费)×综合税率
	工程造价计算	计算建安工程费	=分部分项工程费+措施项目费+其他项目费+规费+税金

1.6　螺旋进度教学法在建筑工程量计算技能训练中的应用

建筑安装工程造价计算实训教材内容是按照“螺旋进度教学法”的思路编写的。

1. 螺旋进度教学法简介

螺旋进度教学法的主要做法是，将建筑安装工程造价的技能训练内容按照定额计价和清单计价两种方式，划分为几个阶段（层面），通过各阶段（层面）的反复实训，达到掌握好建安工程造价计算方法和技能的目的。这里所指的各阶段（层面）之间的内容是既包含前一阶段的内容又增加新内容的递进关系。

螺旋进度教学法的理念是：“学习、学习、再学习”。其基本思路是：每一阶段具体内容的学习都要建立在一个整体的概念基础之上。即在整体概念的把握中，从简单的阶段到复杂的阶段反复学习，前一阶段是后一阶段的基础；后一阶段是前一阶段的发展，如此下去反复循环，直到掌握好基本技能为止。由于该方法的学习进程像螺旋上升的弹簧一样，后一阶段在前一阶段的基础上不断增加学习内容和训练内容，进而不断提升学习质量，故称为“螺旋进度教学法”。

2. 螺旋进度教学法的教育学理论基础

教学原则是教育学理论的重要组成部分。在教学中通常采用的教学原则有，循序渐进原则、温故知新原则、分层递进原则等。

（1）循序渐进原则

按照认知规律，认识事物总是从简单到复杂，从点到面循序渐进地进行。朱熹说：“君子教人有序，先传以小者近者，而后教以远者大者”。任何一项实训也是这样，应该先介绍简单的方法和训练简单的内容，后训练复杂的项目，循序渐进，不断深入。

（2）温故知新原则

孔子说：“温故而知新，可以为师矣”。我们说，在重复实训的过程中，进一步归纳、总结，提炼出新的方法，而后再扩充、延伸实训新的方法，进而再通过实训提炼出新的方法和训练新的技能，如此反复进行，不断循环，就能达到掌握新技能和巩固新方法的目的。

（3）分层递进原则

根据学生具体的学习状况，将总体实训目标，从简单到复杂，分解为若干个层面。由少到多，由简单到复杂，由单因素到多因素，由表及里，不断递进地进行实训。

3. 螺旋进度教学法的哲学思想基础

马克思主义认为，人类社会的生产活动，是一步又一步地由低级向高级发展。因此，人们的认识，不论对于自然界方面，对于社会方面，也都是一步又一步地由低级向高级发展，即由浅入深，由片面到更多的方面。

实践、认识、再实践、再认识，这种形式，循环往复以至无穷，而实践和认识之每一循环的内容，都较前一循环进到了高一级的程度。这就是辩证唯物论的全部认识论，这就是辩证唯物论的知行统一观。

认识论的哲学思想，指导我们在教学中应该按照认知规律进行实训，以认识论为指导思想构建实训方法。

4. 螺旋进度教学法的实践

运用螺旋进度教学法组织实训，有助于提高学生的学习兴趣，有助于增强学习信心，有助于在掌握基本技能的同时进一步掌握好实训方法，有助于学生扎实地掌握建筑工程量计算的基本方法和基本技能。

螺旋进度教学法在建筑安装工程造价计算实训中的应用做法是，实训开始以后，后一次实训在前一次实训基础上的螺旋进度法。

螺旋进度法按照计价方式的不同，分别分为三个阶段。在第一阶段，用较少的时间在建筑工程预算、装饰工程预算、建筑安装工程预算、工程量清单计价、建筑工程造价、建筑工程计量与计价等课程教学中完成简单的具有整体概念的建安工程造价计算实训；第二阶段是在上述课程结束后，在第一阶段的基础上增加计价的项目、改变费用计算的方法，进行单位工程施工图预算及工程量清单计价编制的实训；第三阶段是专业课程全部结束后，进行单项工程施工图预算及工程量清单计价编制的实训。

小螺旋进度是在上述三个阶段的某一个阶段中进行阶段内的反复循环。如此循环下去，直到在允许的时间内掌握好建筑工程量计算的方法和技能。

建筑安装工程造价计算实训就是在上述思路下来编排实训内容和组织实训的。

2 建筑安装工程造价计算知识和能力分析

2.1 熟悉现行的计价方式

现行的计价方式有定额计价和清单计价两种方式。随着我国社会主义市场经济体制的发展和不断完善，清单计价方式已逐渐成为招标投标中确定工程造价的主流计价方式，不过，在工程造价设计阶段、控制阶段，甚至是在招投标阶段，定额计价还在发挥重要作用。所以，目前两种计价方式会长期并行存在。

根据现行的计价文件，不管采用哪种计价方式，建筑安装工程费的费用构成内容和形式都是一样的。但是，我们应注意，工程造价计价的方式不同，会导致计价的依据、项目的划分、费用形成的具体方法等有所不同，所以必须要先明确造价的计算是在什么样的计价方式下进行的，才能正确选择相应的计价办法来完成造价的计算。

2.2 建安工程造价费用项目组成

2.2.1 按费用构成要素划分

（1）人工费：是指按工资总额构成规定，支付给从事建筑安装工程施工的生产工人和附属生产单位工人的各项费用。

（2）材料费：是指施工过程中耗费的原材料、辅助材料、构配件、零件、半成品或成品、工程设备的费用。

（3）施工机具使用费：是指施工作业所发生的施工机械、仪器仪表使用费或其租赁费。

（4）企业管理费：是指建筑安装企业组织施工生产和经营管理所需的费用。

（5）利润：是指施工企业完成所承包工程获得的盈利。

（6）规费：是指按国家法律、法规规定，由省级政府和省级有关主管部门规定必须缴纳或计取的费用。

（7）税金：是指国家税法规定的应计入建筑安装工程造价内的营业税、城市维护建设税、教育费附加以及地方教育附加。

建筑工程造价费用项目组成见图 2-1。

2.2.2 按造价形成过程划分

（1）分部分项工程费：是指各专业工程的分部分项工程应予支付的各项费用。

（2）措施项目费：是指为完成建设工程施工，发生于该工程施工前和施工过程中的技术、生活、安全、环境保护等方面的费用。

（3）其他项目费：包括暂列金额、计日工、总承包服务费等。

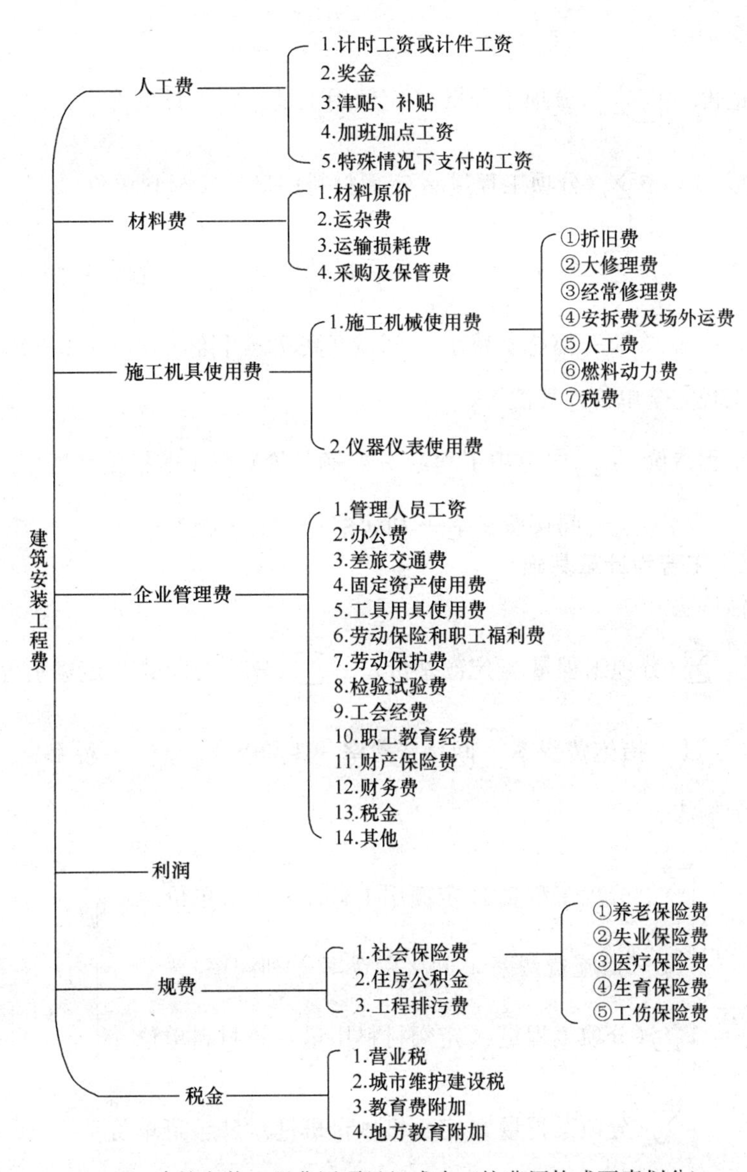

图 2-1　建筑安装工程费用项目组成表（按费用构成要素划分）

（4）规费。

（5）税金。

2.3　定额计价方式下工程造价计算数学模型

2.3.1　以直接费为计算基础

（1）单位估价法

$$\text{工程造价} = \left[\sum_{i=1}^{n}(\text{分项工程量} \times \text{定额基价})_i \times (1 + \text{措施费费率} + \text{间接费费率} + \text{利润率})\right] \times (1 + \text{税率})$$

（2）实物金额法

$$工程造价=\Big[\Big[\sum_{i=1}^{n}(分项工程量\times定额用工量)_i\times工日单价+\sum_{j=1}^{m}(分项工程量\times定额材料用量)_j\times材料单价+\sum_{k=1}^{p}(分项工程量\times定额机械台班量)_k\times台班单价\Big]\times(1+措施费费率+间接费费率+利润率)\Big]\times(1+税率)$$

（3）分项工程完全单价计算法

$$工程造价=\sum_{i=1}^{n}[(分项工程量\times定额基价)\times(1+措施费费率+间接费费率+利润率)\times(1+税率)]_i$$

2.3.2　以人工费为计算基础

（1）单位估价法

$$工程造价=\Big[\sum_{i=1}^{n}(分项工程量\times定额基价)_i+\sum_{i=1}^{n}(分项工程量\times定额基价人工费)_i\times(1+措施费费率+间接费费率+利润率)\Big]\times(1+税率)$$

（2）实物金额法

$$工程造价=\begin{bmatrix}\sum_{i=1}^{n}(分项工程量\times定额用工量)_i\times工日单价\times\\(1+措施费费率+间接费费率+利润率)+\\\sum_{j=1}^{m}(分项工程量\times定额材料用量)_j\times材料单价+\\\sum_{k=1}^{p}(分项工程量\times定额机械台班量)_k\times台班单价\end{bmatrix}\times(1+税率)$$

（3）分项工程完全单价计算法

$$工程造价=\sum_{i=1}^{n}[[(分项工程量\times定额基价)+(分项工程量\times定额用工量\times工日单价)\times(1+措施费费率+间接费费率+利润率)]\times(1+税率)]_i$$

2.3.3　以人工费加机械费为计算基础

（1）单位估价法

$$工程造价=\Big[\sum_{i=1}^{n}(分项工程量\times定额基价)_i+\sum_{i=1}^{n}(分项工程量\times定额基价人工和机械费)_i\times(1+措施费费率+间接费费率+利润率)\Big]\times(1+税率)$$

（2）实物金额法

$$
\text{工程造价} = \begin{bmatrix} \sum_{i=1}^{n}(\text{分项工程量} \times \text{定额用工量})_i \times \text{工日单价} \times \\ (1 + \text{措施费费率} + \text{间接费费率} + \text{利润率}) + \\ \sum_{j=1}^{m}(\text{分项工程量} \times \text{定额材料用量})_j \times \text{材料单价} + \\ \sum_{k=1}^{p}(\text{分项工程量} \times \text{定额机械台班量})_k \times \text{台班单价} \end{bmatrix} \times (1 + \text{税率})
$$

(3) 分项工程完全单价计算法

$$
\begin{aligned} \text{工程造价} = \sum_{i=1}^{n} [[& (\text{分项工程量} \times \text{定额基价}) + (\text{分项工程量} \times \text{定额用工量} \times \text{工日单价} \\ & + \text{分项工程量} \times \text{定额机械消耗量} \times \text{台班单价}) \\ & \times (1 + \text{措施费费率} + \text{间接费费率} + \text{利润率})] \times (1 + \text{税率})]_i \end{aligned}
$$

2.4 定额计价方式下工程造价计算能力分析

2.4.1 正确套用计价定额的能力

即使工程量的计算是正确的，如果计价定额号套用错误，也会导致该项目费用计算结果的错误，从而使整个单位工程计价的不准确。这就要求我们要熟悉定额，熟悉定额项目并了解相应的施工工艺和具体工程的施工要求。

2.4.2 定额换算的能力

当计价定额上没有相对应的完全一致的定额项目可以套用时，如材料、厚度、宽度、高度等与定额规定不一致时，应进行定额的换算，重新计算出该项目的定额基价，并进行工料机消耗量的分析和相应费用的计算。

2.4.3 计算直接工程费的能力

会套用定额进行工料机价格的计算，各项汇总即形成定额基价直接工程费。注意此时的费用是按照定额上的基价计算出来的，还没有进行价差的调整。还应注意，定额的单位往往采用扩大单位，要注意填表时工程量数据（或基价数据）的退位。若使用的定额没有基价，只有消耗量，则可以根据实时的工料机单价直接计算出直接工程费，不需再进行价差调整。

2.4.4 分析和汇总工料机消耗量的能力

根据工程量和定额项目分析计算每个分项的工料机消耗量，最后进行单位工程工料机消耗量的汇总。

2.4.5 对工料机价差进行调整的能力（使用消耗量定额不需进行价差调整）

根据造价信息或市场价格，对前面汇总的工料机进行价差调整，然后汇总价差，分别形成分部分项人工费价差调整、材料费价差调整、机械费价差调整。在这个阶段，应注意两个问题：

第一，工料机单价应按地区规定来确定，不能随意自主确定。

第二，材料的单位要一致。同一种材料，应注意单位应选择一致，如吨与千克，体积与重量的换算。

2.4.6　会计算分部分项工程项目的管理费和利润

各省市管理费和利润的计算基础和费率不同，要能正确使用管理费和利润的计算公式，正确理解计算基础，选择合适的管理费费率和利润率。

2.4.7　计算措施费的能力

（1）熟悉总价措施项目的内容、计算基础、费率，能计算总价措施项目费，如安全文明施工费、夜间施工费、冬雨期施工费等。对于安全文明施工费的计价，有的省市将安全施工费和文明施工费作为专项费用，单列计费项目，未列入措施费，只将环境保护费和临时设施费列入措施费中。

（2）熟悉单价措施项目的内容，能根据单价措施项目的工程量和定额计算定额基价单项措施费，进行工料机消耗量的分析汇总、工料机价差的调整、措施项目管理费和利润的计算。

2.4.8　计算其他项目费的能力

能根据招标文件要求确定是否应计算其他项目费，如需要计算，能按要求计算暂列金额、专业工程暂估价、计日工和总承包服务费。

2.4.9　计算规费和税金的能力

（1）熟悉规费的构成、计算基础、费率，能计算规费。

（2）熟悉税金的构成、计算基础、税率，能计算税金。

2.4.10　定额计价方式下对费用进行归类汇总的能力

在熟悉费用构成的基础上，对于具体的工程项目所涉及的各项费用，能够准确地进行归类汇总。

2.4.11　举一反三，灵活处理问题和解决问题的能力

任何一个工程都不会涵盖所有的定额项目，任何一个工程都不会涉及所有的工程造价知识点，所有的训练都只能是以点带面的训练过程。而且，不同地区的定额、不同时期的政策规定、市场情况都是不同的，所以，这就要求大家灵活掌握所学知识，活学活用，具备自主处理问题和解决问题的能力。

2.5　清单计价方式下工程造价计算数学模型

$$\text{工程造价} = \text{分部分项工程费} + \text{措施项目费} + \text{其他项目费} + \text{规费} + \text{税金}$$

其中：

$$\text{分部分项工程费} = \sum_{i=1}^{n}(\text{清单工程量} \times \text{综合单价})_i$$

$$\text{综合单价} = \left[\begin{array}{l} \sum_{i=1}^{n}(\text{计价工程量} \times \text{定额用工量} \times \text{人工单价})_i + \\ \sum_{j=1}^{n}(\text{计价工程量} \times \text{定额材料消耗量} \times \text{材料单价})_j + \\ \sum_{k=1}^{n}(\text{计价工程量} \times \text{定额机械台班消耗量} \times \text{台班单价})_k \end{array}\right]$$

×(1＋管理费率)×(1＋利润率)÷清单工程量

措施项目费＝安全施工费＋临时设施费＋……＋脚手架费

其他项目费＝暂列金额＋总承包服务费＋……＋计日工费

规费＝工程排污费＋住房公积金＋……＋社会保障费

税金＝(分部分项工程费＋措施项目费＋其他项目费＋规费)×综合税率

2.6 清单计价方式下造价计算能力分析

2.6.1 正确分析清单项目所包含的计价项目，正确计算计价工程量的能力

这要求我们既要熟悉清单项目的工程内容，又要熟悉定额项目的工程内容，这样才能明白清单项目与定额项目的对应关系，正确划分每个清单项目的主项和附项，然后根据相应定额的规定计算计价工程量。

2.6.2 定额号的正确选择及定额换算的能力

计价项目必须套用定额，才能计算价格。如果定额号选择错误，那么会导致该清单项目的综合单价计算结果错误，从而导致整个单位工程计价结果的不准确。

2.6.3 正确计算综合单价的能力

能够编制使用综合单价分析表，逐项计算每个清单项目的综合单价，明晰各计价项目的费用、材料消耗量明细等内容。

应该注意：

(1) 综合单价分析表中的数量既不是清单工程量，也不是计价工程量，而是两者之间的比例关系，该数量我们称之为清单单位含量。

清单单位含量＝(计价工程量÷清单工程量)÷定额扩大单位

(2) 如果招标人提供了材料暂估价，则应用其暂估单价来计算该种材料的价格，并正确填写在相应位置。此时暂估的材料价格进入到了该清单项目的综合单价，注意在计算其他项目费时该笔费用不要再重复计算。

2.6.4 清单计价方式下汇总形成各项费用的能力

在熟悉费用构成的基础上，对于具体的工程项目所涉及的各项费用，能够准确地进行归类汇总。

3 建筑与装饰工程定额计价方式下工程造价实训

3.1 进阶 1 部分项目工程造价计算

进阶 1 设计思路：由造价主要计算过程举例和造价计算练习两部分构成。根据给定的分部分项工程项目及措施项目的工程量、其他已知条件及计算要求，计算给定项目的预算价格。具体计算费用有：分部分项工程费、总价措施项目费、单价措施项目费、暂列金额、规费、税金等。考虑到全国各省（市）的定额和费用文件有差异，例题使用全国基础定额，费用计算方法由题目给定。练习中的工料机价格，由学生根据当时当地的造价信息或市场价格获取。

3.1.1 建安工程造价计算过程举例

1. 分项工程项目

举例用的分项工程项目见表 3-1。

举例用分项工程项目表 **表 3-1**

序号	项目名称	计量单位	工程量
1	人工挖沟槽一、二类土（2m 以内）	m^3	160
2	M5 水泥砂浆砌砖基础	m^3	25
3	外脚手架（15m 以内钢管架）	m^2	408

2. 材料/燃料价格

举例用材料单价见表 3-2。

举例用材料单价表 **表 3-2**

序号	材料名称	单位	信息单价（元）
1	标准砖	千匹	450
2	水泥 32.5	t	420
3	细砂	m^3	70
4	水	m^3	2.0
5	钢管 ϕ48×3.5	kg	5
6	直角扣件	个	6
7	对接扣件	个	6
8	回转扣件	个	6
9	底座	个	7
10	木脚手板	m^3	1.5
11	垫木 60×60×60	块	1
12	镀锌铁丝 8 号	kg	5

续表

序号	材料名称	单位	信息单价（元）
13	铁钉	kg	5
14	防锈漆	kg	9
15	油漆溶剂油	kg	4.5
16	钢丝绳 8 号	kg	5
17	缆风桩木	m^3	1500

3. 计算条件

（1）人工综合工日单价为 90 元/工日。

（2）机械台班单价

电动打夯机单价为 28.29 元/台班；灰浆搅拌机 200L 单价为 26.41 元/台班；载重汽车 6 吨单价为 510.21 元/台班。

（3）管理费费率和利润率按工料机合计的 8% 计取。

（4）总价措施项目只计算安全文明施工费，安全文明施工费按分部分项人工费的 30%计取。

（5）暂列金额按分部分项工程费的 10%计取，其中工程量偏差和设计变更占 60%，材料价格风险占 40%。

（6）规费费率按下面的标准计取，见表 3-3。

规费费率表 **表 3-3**

序号	规费名称	计算基础	费率
1	社会保险费	人工费	
1.1	养老保险费		6.5%
1.2	失业保险费		0.6%
1.3	医疗保险费		2.8%
1.4	工伤保险费		0.8%
1.5	生育保险费		1.5
2	住房公积金		3%
3	工程排污费	按工程所在地环保部门收费标准，按实计入	暂不计

注：人工费＝分部分项工程人工费＋单价措施项目人工费。

（7）税金按计算基础的 3.48%计取。

4. 计算内容：根据以上的已知条件，计算分部分项工程费、措施项目费、其他项目费、规费和税金，填制完成附表中的相关表格。

（1）分部分项工程费计算及工料分析

分部分项工程费计算及工料分析见表 3-4。

（2）单价措施项目费计算

单价措施项目费计算见表 3-5。

（3）单价措施项目费计算及工料分析

单价措施项目费计算及工料分析见表 3-6。

分部分项工程费及材料/燃料分析表

表 3-4

工程名称：×××

序号	定额编号	项目名称	单位	工程量	基价	合价	人工费		材料费		机械费		管理费、利润		主要材料用量				
							单价	小计	单价	小计	单价	小计	费率	小计	M5水泥砂浆	水泥32.5(kg)	普通黏土砖(千匹)	细砂(m^3)	水(m^3)
1	1-5	人工挖沟槽一、二类土(2m以内)	$100m^3$	1.6	3285.03	5256.04	3036.6	4858.56			5.09	8.14	8%	389.34					
2	4-1	水泥砂浆砖基础	$10m^3$	2.50	4184.24	10460.59	1096.2	2740.5	2773.97	6934.93	0.39	10.30	8%	774.86	(2.36)	533.36	5.236	2.738	1.05
		合 计				15716.63		7599.06		6934.93		18.44		1164.20	(2.36)	533.36	5.236	2.738	1.05

单价措施项目计价表 表 3-5

序号	项目名称	计算基础	费率	金额(元)
		定额人工费		
1	安全文明施工费	7599.06	30%	2279.72
2	夜间施工增加费			
3	二次搬运费			
4	冬雨期施工增加费			
5	已完工程及设备保护费			
	合　计	2279.72		

单价措施项目工程费材料/燃料分析表

表 3-6

序号	定额编号	项目名称	单位	工程量	基价	合价	人工费		材料费		机械费		管理费、利润		主要材料用量				
							单价	小计	单价	小计	单价	小计	费率	小计	脚手架钢材(kg)	锯材(m^3)	柴油(kg)		
1	3-5	外脚手架（15m以内钢管架）	$100m^2$	4.08	1009.35	4118.14	549.90	2243.59	328.56	1340.52	56.12	228.97	8%	305.05	（见表 3-7）				
		本页小计				4118.14		2243.59		1340.52		228.97		305.05					

(4) 材料用量分析及材料费计算

材料用量分析及材料费计算见表 3-7。

材料/燃料分析及费用计算表 **表 3-7**

项目名称：外脚手架 工程量：408m^2

序号	材料	单位	定额消耗量（每 100m^2）	本工程消耗量	材料单价（元）	材料费单价（元/100m^2）	材料费小计（元）
1	钢管 ϕ48×3.5	kg	40.18	163.93	5	328.56	1340.52
2	直角扣件	个	8.33	33.99	6		
3	对接扣件	个	1.06	4.32	6		
4	回转扣件	个	0.52	2.12	6		
5	底座	个	0.24	0.98	7		
6	木角手板	m^3	0.081	0.33	1.5		
7	垫木 60×60×60	块	2.13	8.69	1		
8	镀锌铁丝 8 号	kg	4.13	16.85	5		
9	铁钉	kg	0.4	1.63	5		
10	防锈漆	kg	3.77	15.38	9		
11	油漆溶剂油	kg	0.43	1.75	4.5		
12	钢丝绳 8 号	kg	0.25	1.02	5		
13	缆风桩木	m^3	0.003	0.01	1500		

(5) 其他项目费计算

其他项目费计算见表 3-8。

其他项目计价表 **表 3-8**

工程名称：×××

序号	项目名称	金额（元）	结算金额	备注
1	暂列金额	1571.66		15716.64×10% 详表 3-4
2	暂估价	—		
2.1	材料工程（设备暂估价）/结算价	—		
2.2	专业工程暂估价/结算价	—		
3	计日工	—		
4	总承包服务费	—		
5	索赔与现场签证	—		
	合计	1571.66		

(6) 暂列金额确定

暂列金额确定见表 3-9。

暂列金额明细表　　　　**表 3-9**

工程名称：×××　　　　标段：　　　　第 1 页 共 1 页

序号	项目名称	计量单位	暂列金额（元）	备注
1	工程量偏差和设计变更		943	60%
2	材料价格风险		628.66	40%
合　计			1571.66	

（7）规费和税金计算

规费和税金计算见表 3-10。

规费、税金项目计价表　　　　**表 3-10**

工程名称：×××　　　　标段：　　　　第 1 页 共 1 页

序号	项目名称	计算基础	计算基数（元）	费率（%）	金额（元）
1	规费				1496.08
1.1	社会保险费				1200.80
(1)	养老保险费	人工费	9842.65	6.5	639.77
(2)	失业保险费	人工费	9842.65	0.6	59.06
(3)	医疗保险费	人工费	9842.65	2.8	275.59
(4)	工伤保险费	人工费	9842.65	0.8	78.74
(5)	生育保险费	人工费	9842.65	1.5	147.64
1.2	住房公积金	人工费	9842.65	3	295.28
1.3	工程排污费	按工程所在地环境保护部门收取标准，按实计入		暂不计	
2	税金	分部分项工程费＋措施项目费＋其他项目费＋规费－按规定不计税的工程设备金额	25182.23	3.48	876.34

编制人（造价人员）：　　　　复核人（造价工程师）：

（8）单位工程预算造价汇总

单位工程预算造价汇总见表 3-11。

单位工程造价汇总表　　　　**表 3-11**

序号	项目名称	金额（元）	其中暂估价（元）
1	分部分项工程费	15716.63	—
1.1	人工费	7599.06	—
1.2	材料费	6934.93	—
1.3	机械费	18.44	—
1.4	管理费、利润	1164.20	—

续表

序号	项目名称	金额（元）	其中暂估价（元）
2	措施项目费	6397.86	—
2.1	总价措施项目费	2279.72	—
2.2	单价措施项目费	4118.14	—
3	其他项目费	1571.66	—
4	规费	1496.08	—
5	税金	876.34	—
预算价格		26058.57	—

3.1.2 建筑安装工程造价计算练习

1. 已知分部分项工程项目（表 3-12）

表 3-12

序号	项目名称	计量单位	工程量
1	人工挖沟槽土方（三类土，2m 以内）	m^3	13.97
2	人工挖基坑土方（三类天，2m 以内）	m^3	213.15
3	M5 水泥砂浆砖基础	m^3	3.38
4	M5 混合砂浆砖墙（一砖，混水砖墙）	m^3	62.74

2. 已知措施项目（表 3-13）

表 3-13

序号	项目名称	计量单位	工程量
1	安全文明施工费	项	1
2	独立基础（组合钢模板，木支撑）	m^2	134.08

3. 计算条件（括号中、表格中数据由老师根据本地区规定确定或由学生自己动手获取）

（1）材料/燃料单价（表 3-14）

材料及燃料单价表 **表 3-14**

序号	材料名称	单位	数量	信息单价
1	水泥 32.5			
2	细砂			
3				
4	……			
5				
6				
7				
8				
9				

续表

序号	材料名称	单位	数量	信息单价
10				
11				
12				

(2) 人工综合工日单价或人工费调整系数为（　　）。

(3) 机械台班单价或机械费调整系数为（　　）。

(4) 管理费费率和利润率按工料机合计的10% 计取。

(5) 总价措施项目只计算安全文明施工费，安全文明施工费按分部分项人工费的28%计取。

(6) 暂列金额按分部分项工程费的6%计取，其中工程量偏差和设计变更占60%，材料价格风险占40%。

(7) 规费费率按表3-15中的标准计取。

表3-15

序号	规费名称	计算基础	费率
1	社会保险费	人工费	
1.1	养老保险费	人工费	6.5%
1.2	失业保险费	人工费	0.6%
1.3	医疗保险费	人工费	2.8%
1.4	工伤保险费	人工费	0.8%
1.5	生育保险费	人工费	1.5
2	住房公积金	人工费	3%
3	工程排污费	按工程所在地环保部门收费标准，按实计入	暂不计

注：人工费＝分部分项工程人工费＋单价措施项目人工费。

税金按计算基础的3.48%计取。

4. 计算内容：根据以上的已知条件，计算分部分项工程费、措施项目费、其他项目费、规费和税金，并填制完成相关表格。

3.1.3 建筑安装工程造价计算练习

以上项目及工程量不变，按照本地费用计算方法，填制表3-16，然后按照附录中相关表格计算分部分项工程费、措施项目费、其他项目费、规费和税金。

费用计算表　　表 3-16

费用名称	计算基础	费率	说　明
安全文明施工费			
管理费			
利润			
暂列金额			
规费			
税金			

3.2 进阶2 单位工程工程预算造价计算

进阶2设计思路：根据给定项目的工程量和相关的项目合计金额，改变费用计算的方法，让学生学会根据不同的费用计算要求灵活掌握工程造价的计算。具体的变化有：管理费、利润、安全文明施工费、规费等的计算基础和费率的改变，在进阶1所有费用的基础上，增加专业工程暂估价、总承包服务费的计算，然后完成一个单位工程的造价计算。

3.2.1 建安工程造价主要计算过程举例

1. 分部分项工程项目

进阶2的分部分项工程项目见表3-17。

分部分项工程项目表　　表 3-17

序号	项目名称	单位	数量	金额（元）
1	现浇混凝土独立基础C30	m^3	123.20	
…	……			
	分部分项工程合计	元		4670000

2. 措施项目

进阶2的措施项目见表3-18。

措施项目表　　表 3-18

序号	项目名称	计量单位	工程量	金额（元）
2	电梯井字架（搭设高度20m内）	座	1	
…	……			
	单价措施项目合计	元		950000

3. 计算条件

（1）材料/燃料单价

材料单价见表3-19。

材料及燃料单价表　　　　　　　　表3-19

序号	材料名称	单位	信息单价
1	水泥	kg	0.40
2	中砂	m^3	60
3	砾石	m^3	55
4	水	m^3	2
5	草袋子	m^2	4.3
6	钢管 48×3.5	kg	5
7	对接扣件	个	6
8	底座	个	7
9	直角扣件	个	6
10	回转扣件	个	6
11	木脚手板	m^3	1.5
12	垫木 60×60×60	块	1
13	防锈漆	kg	9
14	油漆溶剂油	kg	4.5

（2）人工综合工日单价为：88元。

（3）机械台班单价

混凝土搅拌机400L台班单价为63.79元；混凝土振捣器（插入式）台班单价为43.50元；机动翻斗车1t台班单价为89.89元；载重汽车6t台班单价为356.86元。

（4）管理费和利润按相应分项中的人工费与机械费之和为基础计算，管理费费率和利润率分别为17%、4%，共计21%。

（5）总价措施项目只计算安全文明施工费，安全文明施工费按分部分项工程费、单价措施项目费、规费价款之和的4%计取。

（6）暂列金额按分部分项工程费的6%计取，其中工程量偏差和设计变更占60%，材料价格风险占40%。

（7）规费按分部分项工程费和单价措施项目费中的人工费与机械费之和乘以18%计算。

（8）税金按计算基础的3.48%计取。

（9）该单位工程分部分项工程费共计467万元，其中人工费75.5万元，材料费367.78万元、机械费6.5万元、管理费13.94万元、利润3.28万元，材料暂估价8万元。

（10）单价措施项目费共计95万元，其中人工费16万元，材料费53.86万元、机械费18万元、管理费5.78万元、利润1.36万元。

（11）暂列金额按分部分项工程费的8%计取。

（12）专业工程暂估价为13万元。

（13）总承包服务费按专业工程分包价款的4%计取。

（14）税金按国家和当地有关规定计算。

4. 计算内容：根据以上的已知条件，计算分部分项工程费、措施项目费、其他项目费、规费和税金，并填制完成下表中相关表格（表3-20～表3-27）的数据。

表 3-20

分部分项工程费及材料/燃料分析表

工程名称：

序号	定额编号	项目名称	单位	工程量	基价	合价	人工费		材料费		机械费		管理费、利润		主要材料用量					
							单价	小计	单价	小计	单价	小计	费率	小计	混凝土 C20 (m^3)	草袋子 (m^2)	水 (m^3)	水泥 32.5 (kg)	中砂	砾 (5～40)
1	5-396	现浇混凝土独立基础 C20	$10m^3$	12.32	3309.84	40777.23	931.04	11470.41	2027.81	24982.62	128.49	1583	21%	2741.2	(125.05)	40.16	114.70	37139.26	61.23	110.02
		合　计				4670000		755000		3677800		65000		172200						

单价措施项目工程费材料/燃料分析表

表 3-21

序号	定额编号	项目名称	单位	工程量	基价	合价	人工费		材料费		机械费		管理费、利润		主要材料用量				
							单价	小计	单价	小计	单价	小计	费率	小计	脚手架钢材(kg)	锯材(m^3)	柴油(kg)		
1	3-58	电梯井字架(搭设高度20m以内)	座	1	1594.38	1594.38	1094.72	1094.72	243.86	243.86	21.41	21.41	21%	234.39	(见表3-22)				
		合计				950000		160000		538600		180000		71400					

材料/燃料分析及费用计算表 **表 3-22**

项目名称：电梯井字架 工程量：1座

序号	材料名称	单位	定额消耗量	本工程消耗量	材料单价（元）	材料费单价（元/座）	材料费小计（元）
1	钢管 48×3.5	kg	36.26	36.26	5		
2	对接扣件	个	0.38	0.38	6		
3	底座	个	0.19	0.19	7		
4	直角扣件	个	3.14	3.14	6		
5	回转扣件	个	1.52	1.52	6	243.86	243.86
6	木脚手板	m^3	0.038	0.038	1.5		
7	垫木 60×60×60	块	4.11	4.11	1		
8	防锈漆	kg	2.82	2.82	9		
9	油漆溶剂油	kg	0.32	0.32	4.5		

其他项目计价表 **表 3-23**

工程名称：

序号	项目名称	金额（元）	结算金额（元）	备注
1	暂列金额	280200		4670000×6%
2	暂估价	130000		
2.1	材料工程（设备暂估价）/结算价	—		80000
2.2	专业工程暂估价/结算价	130000		
3	计日工	—		
4	总承包服务费	5200		130000×4%
5	索赔与现场签证	—		
合计		415400		

暂列金额明细表 **表 3-24**

工程名称： 标段： 第 页 共 页

序号	项目名称	计量单位	暂列金额（元）	备注
1	工程量偏差和设计变更	项	168120	60%
2	材料价格风险	项	112080	40%
合 计			280200	

规费税金项目计价表　　　　**表 3-25**

工程名称：　　　　标段：　　　　第　页　共　页

序号	项目名称	计算基础	计算基数	费率（%）	金额（元）
1	规费	人工费＋机械费	1160000	18	208800
1.1	社会保险费				
(1)	养老保险费				
(2)	失业保险费				
(3)	医疗保险费				
(4)	工伤保险费				
(5)	生育保险费				
1.2	住房公积金				
1.3	工程排污费	按工程所在地环境保护部门收取标准，按实计入			
2	税金	分部分项工程费＋措施项目费＋其他项目费＋规费－按规定不计税的工程设备金额	6477352	3.48	225411.85

编制人（造价人员）：　　　　复核人（造价工程师）：

总价措施项目计价表　　　　**表 3-26**

序号	项目名称	计算基础 分部分项工程费＋单价措施项目费＋规费	费率	金额（元）
1	安全文明施工费	5828800	4%	233152
2	夜间施工增加费			
3	二次搬运费			
4	冬雨期施工增加费			
5	已完工程及设备保护费			
	合　计	233152		

单位工程造价汇总表　　　　**表 3-27**

序号	项目名称	金额（元）	其中暂估价（元）
1	分部分项工程费	4670000	80000
1.1	人工费	755000	—
1.2	材料费	3677800	80000
1.3	机械费	65000	—
1.4	管理费、利润	172200	—
2	措施项目费	1183152	—
2.1	总价措施项目费	233152	—

续表

序号	项目名称	金额（元）	其中暂估价（元）
2.2	单价措施项目费	950000	—
3	其他项目费	415400	130000
4	规费	208800	—
5	税金	225411.85	—
	工程预算造价	6702763.85	210000

3.2.2 建安工程预算造价计算练习

1. 已知分部分项工程项目（表3-28）

表3-28

序号	项目名称	单位	数量	金额（元）
1	商品混凝土独立基础C25	m^3	69.47	
2	商品混凝土基础梁C25	m^3	26.99	
3	现浇混凝土构件钢筋（Φ10以内）	t	25.68	
4	SBS改性沥青卷材防水	m^2	326.31	
5	墙基防潮层（加5%防水粉，一层做法）	m^2	16.90	
6	现浇水泥蛭石保温隔热层	m^3	50.69	
7	铝合金地弹门（2.4m×3.3m）	樘	1	
8	地砖地面（600mm×600mm）	m^2	196.20	
9	墙面乳胶漆	m^2	1510.83	
…	……			
	分部分项工程合计	元		4200000

2. 已知措施项目（表3-29）

表3-29

序号	项目名称	计量单位	工程量	金额（元）
1	塔吊进出场费（60kN·m以内）	台次	1	
2	塔吊一次安拆费（60kN·m以内）	台次	1	
3	塔吊固定式基础（带配重）	台次	1	
4	现浇混凝土基础梁模板	m^2	192.08	
5	垂直运输机械（框架、檐高20m内、塔吊）	m^2	1228.13	
6	综合脚手架（框架、檐高15m内）	m^2	567.87	
7	楼地面地砖麻袋保护	m^2	1094.87	
…	……			
	单价措施项目合计	元		800000

3. 计算条件（表格和括号内的空格，由学生填写）

（1）材料/燃料单价（表3-30）

材料及燃料单价表　　表3-30

序号	材料名称	单位	数量	信息单价
1				
2				
3				
4				
5				
6				
7				
8				
9				
10				
11				
12				

（2）人工综合工日单价或人工费调整系数为（　　）。

（3）机械台班单价或机械费调整系数为（　　）。

（4）管理费和利润按分部分项工程费和单价措施项目费中的人工费与机械费之和为基础计算，管理费费率和利润率率分别为17%、4%，共计21%。

（5）总价措施项目中的安全文明施工费按分部分项工程费、单价措施项目费、规费价款之和的4%计取。总价措施项目中的其他项目是否计算、计算基数和费率均由教师确定。

（6）暂列金额按分部分项工程费的6%计取，其中工程量偏差和设计变更占60%，材料价格风险占40%。

（7）规费按分部分项工程费和单价措施项目费中的人工费与机械费之和乘以16%计算。

（8）税金按计算基础的3.48%计取。

（9）该单位工程分部分项工程费共计420万元，其中人工费80万元，材料费315.577万元、机械费6.3万元、管理费14.671万元、利润3.452万元，材料暂估价10万元。

（10）单价措施项目共计80万元，其中人工费17万元，材料费35.23万元、机械费20万元、管理费6.29万元、利润1.48万元。

（11）暂列金额按分部分项工程费的5%计取。

（12）专业工程暂估价为15万元。

（13）总承包服务费按专业工程分包价款的3%计取。

（14）税金按国家和当地有关规定计算。

4. 计算内容：根据以上的已知条件，计算分部分项工程费、措施项目费、其他项目费、规费和税金，并填制完成相关表格。

3.3　进阶3　单位工程预算造价计算

进阶3设计思路：在进阶1和进阶2的基础上，增加分项工程项目，让学生根据当地的定额、费用文件及价格信息，计算一个完整的单位工程的预算价格。

1. 本题施工图纸选自《建筑工程量计算实训》教材进阶1的传达室工程（施工图见图3-1）。分部分项工程项目及单价措施工程项目见表3-31。

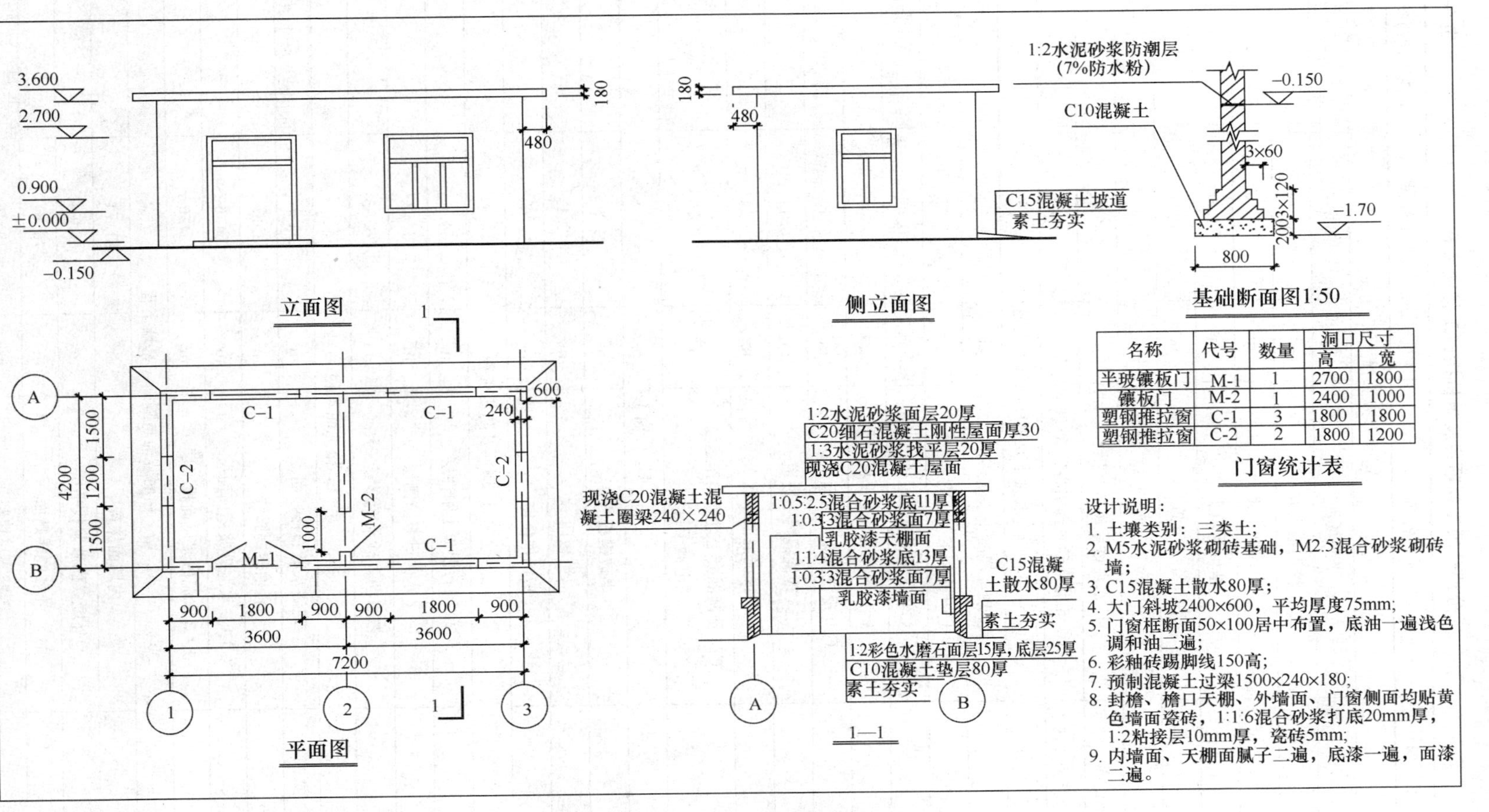

名称	代号	数量	洞口尺寸	
			高	宽
半玻镶板门	M-1	1	2700	1800
镶板门	M-2	1	2400	1000
塑钢推拉窗	C-1	3	1800	1800
塑钢推拉窗	C-2	2	1800	1200

门窗统计表

图 3-1　传达室工程施工图

分部分项工程项目及单价措施工程项目表　　**表 3-31**

序号	定额编号	项目名称	计量单位	工程量	本地定额需变更内容
		A. 土石方工程			
1		平整场地	m^2	33.03	
2		挖沟槽土方	m^3	83.06	
3		室内回填土	m^3	0.8	
4		基础回填土	m^3	71.86	
5		余方弃置	m^3	10.4	
		D. 砌筑工程			
6		M5 水泥砂浆砌砖基础	m^3	8.95	
7		M2.5 混合砂浆砌实心砖墙	m^3	15.7	
		E. 混凝土及钢筋混凝土工程			
8		C10 现浇混凝土条基垫层	m^3	4.19	
9		C20 现浇混凝土圈梁	m^3	1.55	
10		C20 预制混凝土过梁	m^3	0.06	
11		C20 现浇混凝土平板	m^3	7.01	
12		C10 现浇混凝土地面垫层	m^3	2.13	
13		C15 现浇混凝土坡道	m^3	0.11	
14		C15 现浇混凝土散水	m^3	1.14	
15		C20 预制混凝土过梁制作运输（定额子目）	m^3	0.06	
		H. 门窗工程			
16		半玻镶板门	m^2	4.86	
17		镶板门	m^2	2.1	
18		塑钢推拉窗	m^2	14.04	
		J. 屋面及防水工程			
19		C20 细石混凝土刚性层	m^2	54.6	
20		1∶2 水泥砂浆防潮层	m^2	6.42	
21		散水沥青砂浆变形缝	m	25.95	
		L. 楼地面工程			
22		现浇水磨石楼地面	m^2	26.61	
23		彩釉砖踢脚线	m^2	3.89	
24		1∶2 水泥砂浆屋面面层	m^2	54.6	
25		1∶3 水泥砂浆屋面找平层	m^2	54.6	
		M. 墙、柱面装饰与隔断、幕墙工程			
26		内墙面抹灰	m^2	81.71	
27		外墙立面砂浆找平层	m^2	66.64	
28		外墙瓷砖贴面	m^2	76.67	
29		镶贴零星块料	m^2	18.46	

续表

序号	定额编号	项目名称	计量单位	工程量	本地定额需变更内容
N. 天棚工程					
30		天棚抹灰	m^2	26.61	
P. 油漆、涂料、裱糊工程					
31		抹灰面乳胶漆	m^2	78.89	
32		刮腻子两遍	m^2	78.89	
S. 措施项目					
33		综合脚手架	m^2	33.03	
34		混凝土基础垫层模板及支架	m^2	10.16	
35		混凝土圈梁模板及支架	m^2	15.03	
36		混凝土平板模板及支架	m^2	37.17	
37		混凝土坡道模板及支架	m^2	0.09	

2. 价格信息和取费要求由教师根据当地情况给定，或由学生根据教师要求填写。总价措施项目中除计算安全文明施工费以外，其他措施项目是否计算由教师决定。专业工程暂估价为 45 万元。请编制完善材料及燃料单价表、费用计取表。

3. 计算内容：根据以上的已知条件，计算分部分项工程费、措施项目费、其他项目费、规费和税金，并填制完成表 3-32、表 3-33 中的相关数据。

材料及燃料单价表 **表 3-32**

序号	材料名称	单位	数量	信息单价
1				
2				
3				
4				
5				
6				
7				
8				
9				
10				
11				
12				

费用计取表 **表3-33**

费用名称	计算基础	费率	说　明
安全文明施工费			
管理费			
利润			
暂列金额			
总承包服务费			
规费			
税金			

4 清单计价方式下的工程造价实训方案(建筑与装饰工程)

清单计价实训分成进阶 1、2、3、4 共四次练习，难度和深度由浅入深，根据已给定的清单工程量、计价工程量和其他已知条件，进行综合单价的计算和各项费用的计算。

4.1 进阶 1 部分项目清单报价计算

进阶 1 设计思路：由造价主要计算过程举例和造价计算练习两部分构成。根据给定的分部分项工程量清单项目及对应的计价项目、措施清单项目及对应的计价项目、其他已知条件及计算要求，计算给定项目的招标控制价。具体计算费用有：分部分项工程费、总价措施项目费、单价措施项目费、暂列金额、规费、税金、招标控制价。例题使用全国基础定额，费用计算方法由题目给定。练习题中的工料机价格，由学生根据当时当地的造价信息或市场价格获取。

4.1.1 建筑与装饰工程清单报价计算举例

1. 分部分项工程量清单项目

分部分项工程量清单项目见表 4-1。

分部分项工程量清单项目表 **表 4-1**

序号	项目编码	项目名称	项目特征	清单工程量	计价项目	计价工程量
1	010101003001	挖沟槽土方	1. 土壤类别：综合二类 2. 挖土深度：1.6m 3. 弃土运距：70％的挖方堆放在基槽边 50m 处，30％的挖方堆放在基槽边 5m 内	345.87m^3	挖沟槽土方	345.87 m^3
					人力车运土方 40m	242.11 m^3
2	010401001001	砖基础	1. 砖品种、规格、强度等级：MU10 页岩标砖、基础 240mm 厚 2. 基础类型：带形 3. 砂浆强度等级：M5（细砂） 4. 防潮层种类：无	30.89m^3	主项：砖基础	30.89m^3
					附项：无	

2. 单价措施项目

单价措施项目见表 4-2。

单价措施项目表 **表 4-2**

序号	项目编码	项目名称	项目特征	清单工程量	计价项目	计价工程量
1	0117020002001	混凝土矩形柱模板	—	57.54m^2	主项：混凝土矩形柱模板	57.54m^2
					附项：无	

3. 已知条件

（1）材料/燃料单价

材料单价见表 4-3。

材料及燃料单价表　　表 4-3

序号	材料名称	单位	信息单价（元）
1	页岩砖	千块	450
2	水	m^3	2
3	水泥	kg	0.39
4	细砂	m^3	65
5	组合刚模板	kg	4.5
6	支撑钢管及扣件	kg	4.5
7	模板板方材	m^3	1500
8	支撑方木	m^3	1500
9	零星卡具	kg	4.5
10	铁钉	kg	4.5
11	草纸板 80 号	张	50
12	隔离剂	kg	5

（2）人工综合工日单价为 90 元。

（3）机械台班单价

电动打夯机台班单价为 28.29 元；灰浆搅拌机 200L 台班单价为 26.41 元；载重汽车 6t 台班单价为 356.86 元；汽车式起重机 5t 以内台班单价为 323.12 元；木工圆锯机 500mm 以内台班单价为 30.26 元。

（4）管理费费率和利润率按人工及机械费合计的 20% 计取。

（5）总价措施项目只计算安全文明施工费，安全文明施工费按分部分项工程人工费的 26%计取。

（6）暂列金额按分部分项工程费的 6%计取，其中工程量偏差和设计变更占 60%，材料价格风险占 40%。

（7）规费费率标准

规费费率标准见表 4-4。

规费费率标准表　　表 4-4

序号	规费名称	计算基础	费率
1	社会保险费	人工费	
1.1	养老保险费	人工费	6.5%
1.2	失业保险费	人工费	0.6%
1.3	医疗保险费	人工费	2.8%
1.4	工伤保险费	人工费	0.8%
1.5	生育保险费	人工费	1.5
2	住房公积金	人工费	3%
3	工程排污费	按工程所在地环保部门收费标准，按实计入	暂不计

(8) 税金按计算基础的3.48%计取。

4. 计算内容：根据以上的已知条件，计算分部分项工程费、措施项目费、其他项目费、规费和税金，并填制完成下中的相关数据，见表4-5～表4-12。

综合单价分析表 **表4-5**

工程名称：　　　　　　　　标段：　　　　　　　　第1页　共3页

项目编码	010101003001	项目名称	挖沟槽土方	计量单位	m^3	工程量	1

清单综合单价组成明细

定额编号	定额项目名称	定额单位	数量	单价				合价			
				人工费	材料费	机械费	管理费和利润	人工费	材料费	机械费	管理费和利润
1-5	挖沟槽土方(2m以内)	$100m^3$	0.01	3036.6	—	5.09	608.34	30.37	—	0.05	6.08
1-53	人力车运土方50m	$100m^3$	0.007	1479.6	—	—	295.92	10.36	—	—	2.07
人工单价		小　计						40.73	—	0.05	8.15
元/工日		未计价材料费									
清单项目综合单价								48.93			

材料费明细	主要材料名称、规格、型号	单位	数量	单价(元)	合价(元)	暂估单价(元)	暂估合价(元)
	其他材料费						
	材料费小计						

注：综合单价调整应附调整依据。

综合单价分析表 续表

工程名称： 标段： 第2页 共3页

项目编码	010401001001					项目名称	砖基础	计量单位	m³	工程量	1
清单综合单价组成明细											
定额编号	定额项目名称	定额单位	数量	单价				合价			
				人工费	材料费	机械费	管理费和利润	人工费	材料费	机械费	管理费和利润
4-1	砖基础	10m³	0.1	1096.2	2729.70	10.30	221.30	109.62	272.97	1.03	22.13
人工单价		小计						109.62	272.97	1.03	22.13
元/工日		未计价材料费									
清单项目综合单价								405.75			
材料费明细	主要材料名称、规格、型号					单位	数量	单价（元）	合价（元）	暂估单价（元）	暂估合价（元）
	M5水泥砂浆					m³	(0.236)				
	页岩砖					千块	0.5236	450	235.62		
	水					m³	0.105	2	0.21		
	水泥					kg	49.56	0.39	19.33		
	细砂					m³	0.274	65	17.81		
	其他材料费							—	—	—	
	材料费小计								272.97		

综合单价分析表

续表

工程名称： 标段： 第3页 共3页

项目编码	0117020002001	项目名称	混凝土矩形柱模板	计量单位	m^2	工程量	1

清单综合单价组成明细											
定额编号	定额项目名称	定额单位	数量	单价				合价			
				人工费	材料费	机械费	管理费和利润	人工费	材料费	机械费	管理费和利润
5-58	矩形柱组合钢模板（钢支撑）	$100m^2$	0.01	3690	2776	159.90	769.98	36.90	27.76	1.60	7.70
人工单价		小计						36.90	27.76	1.60	7.70
元/工日		未计价材料费									
清单项目综合单价								73.96			

材料费明细	主要材料名称、规格、型号	单位	数量	单价（元）	合价（元）	暂估单价（元）	暂估合价（元）
	组合钢模板	kg	0.7809	4.5	3.51		
	支撑钢管及扣件	kg	0.4594	4.5	2.07		
	模板板枋材	m^3	0.0006	1500	0.9		
	支撑方木	m^3	0.0018	1500	2.7		
	零星卡具	kg	0.6674	4.5	3		
	铁钉	kg	0.018	4.5	0.08		
	草纸板80号	张	0.3	50	15		
	隔离剂	kg	0.1	5	0.5		
	其他材料费			—	—	—	
	材料费小计				27.76		

分部分项工程量清单与计价表

表 4-6

工程名称：　　　　标段：　　　　第　页　共　页

序号	项目编码	项目名称	项目特征描述	计量单位	工程量	金额（元）		
						综合单价	合价	其中 暂估价
1	010101003001	挖沟槽土方	1. 土壤类别：综合二类 2. 挖土深度：1.6m 3. 弃土运距：70%的挖方堆放在基槽边 50m 处，30%的挖方堆放在基槽边 5m 内	m^3	345.87	48.93	16923.42	
2	010401001001	砖基础	1. 砖品种、规格、强度等级：MU10 页岩标砖、基础 240mm 厚 2. 基础类型：带形 3. 砂浆强度等级：M5（细砂） 4. 防潮层种类：无	m^3	30.89	405.75	12533.62	
小计							29457.04	

总价措施项目清单与计价表

表 4-7

序号	项目名称	计算基础	费率	金额（元）
		分部分项人工费		
1	安全文明施工费	17473.45	26%	4543.10
2	夜间施工增加费	—		
3	二次搬运费	—		
4	冬雨期施工增加费	—		
5	已完工程及设备保护费	—		
	合　计	4543.10		

注：分部分项人工费＝345.87×40.73＋30.89×109.62＝17473.45。

措施项目清单与计价表

表 4-8

工程名称：　　　　标段：　　　　第　页　共　页

序号	项目编码	项目名称	项目特征描述	计量单位	工程量	金额（元）		
						综合单价	合价	其中
								暂估价
	0117020002001	混凝土矩形柱模板	—	m^2	57.54	27.76	1597.31	
小　计							1597.31	

其他项目清单与计价表　　　　表 4-9

工程名称：

序号	项目名称	金额（元）	结算金额（元）	备注
1	暂列金额	1767		29457.04×6%取整
2	暂估价	—		
2.1	材料工程（设备暂估价）/结算价	—		
2.2	专业工程暂估价/结算价	—		
3	计日工	—		
4	总承包服务费	—		
5	索赔与现场签证	—		
	合计	1767		

暂列金额明细表　　　　表 4-10

工程名称：　　　　标段：　　　　第　页　共　页

序号	项目名称	计量单位	暂列金额（元）	备注
1	工程量偏差和设计变更		1060	60%
2	材料价格风险		707	40%
合　计			1767	

规费税金项目计价表　　　　表 4-11

工程名称：　　　　标段：　　　　第　页　共　页

序号	项目名称	计算基础	计算基数	费率（%）	金额（元）
1	规费	人工费	19596.68		2978.69
1.1	社会保险费	人工费	19596.68		2390.79
(1)	养老保险费	人工费	19596.68	6.5	1273.78

续表

序号	项目名称	计算基础	计算基数	费率(%)	金额(元)
(2)	失业保险费	人工费	19596.68	0.6	117.58
(3)	医疗保险费	人工费	19596.68	2.8	548.71
(4)	工伤保险费	人工费	19596.68	0.8	156.77
(5)	生育保险费	人工费	19596.68	1.5	293.95
1.2	住房公积金	人工费	19596.68	3	587.90
1.3	工程排污费	按工程所在地环境保护部门收费标准，按实计入		暂不计	—
2	税金	分部分项工程费+措施项目费+其他项目费+规费－按规定不计税的工程设备金额	40343.14	3.48	1403.94

编制人（造价人员）： 复核人（造价工程师）：

单位工程造价汇总表 **表 4-12**

序号	项目名称	金额（元）	其中暂估价（元）
1	分部分项工程费	29457.04	—
1.1	人工费	17473.45	—
1.2	材料费	8432.04	—
1.3	机械费	49.11	—
1.4	管理费、利润	3502.44	—
2	措施项目费	6140.41	—
2.1	总价措施项目费	4543.10	—
2.2	单价措施项目费	1597.31	—
3	其他项目费	1767	—
4	规费	2978.69	—
5	税金	1403.94	—
预算价格		41747.08	—

4.1.2 建安工程造价计算练习

1. 已知分部分项工程量清单项目（表 4-13）

表 4-13

序号	项目编码	项目名称	项目特征	清单工程量	计价项目	计价工程量	金额（元）			
							综合单价	合价	其中	
									暂估价	定额人工费
1	10101003001	挖沟槽土方	1. 土壤类别：综合二类 2. 挖土深度：1.5m 3. 弃土运距：60%的挖方堆放在基槽边40m处，40%的挖方堆放在基槽边5m内	752.83m^3	挖沟槽土方	752.83m^3				
					人力车运土方 40m	451.70m^3				
2	10401001001	砖基础	1. 砖品种、规格、强度等级：MU10 页岩标砖、基础 240mm 厚 2. 基础类型：带形 3. 砂浆强度等级：M5（细砂）4. 防潮层种类：无	5.35m^3	主项：砖基础	5.35m^3				
					附项：无					
3	10401005001	空心砖墙	1. 砖品种、规格、强度等级：MU5.0 烧结空心砖 2. 墙体类型：混水墙 3. 砂浆强度等级、配合比：M5 混合砂浆	35.3m^3	主项：空心砖墙	35.3m^3				
					附项：无					
4	10502001001	矩形柱	1. 混凝土种类：商品混凝土 2. 混凝土强度等级：C30	38.98m^3	主项：商品混凝土矩形柱	38.98m^3				
					附项：无					
5	10902001001	屋面卷材防水（保温上人屋面）	1. 卷材品种、规格、厚度：4mm 厚 SBS-Ⅰ改性沥青防水卷材 2. 防水层数：一层	939.13m^2	主项：SBS 卷材防水	939.13m^2				
					附项：无					

2. 已知单价措施项目（表 4-14）

表 4-14

序号	项目编码	项目名称	项目特征	清单工程量	计价项目	计价工程量	金额（元）			
							综合单价	合价	其中	
									暂估价	定额人工费
1	011702002001	混凝土矩形柱模板	—	152.33m^2	主项：混凝土矩形柱模板	152.33				
					附项：无					
2	011702008001	混凝土圈梁模板及支架	—	32.36m^2	主项：混凝土圈梁模板及支架	32.36				
					附项：无					

3. 已知条件

（1）材料/燃料单价（表4-15，学生自己询价填写）

材料及燃料单价表　　**表 4-15**

序号	材料名称	单位	信息单价（元）
1			
2			
3			
4			
5			
6			
7			
8			
9			
10			
11			
12			

（2）人工综合工日单价或调整系数为（　　）。

（3）机械台班单价或机械调整系数为（　　）。

（4）管理费和利润按人工及机械费合计的20％计取。

（5）总价措施项目只计算安全文明施工费，安全文明施工费按分部分项人工费的26％计取。

（6）暂列金额按分部分项工程费的5％计取，其中工程量偏差和设计变更占50％，材料价格风险占50％。

（7）规费费率按表4-16中的标准计取。

规费费率标准表 **表 4-16**

序号	规费名称	计算基础	费率
1	社会保险费	人工费	
1.1	养老保险费	人工费	6.5%
1.2	失业保险费	人工费	0.6%
1.3	医疗保险费	人工费	2.8%
1.4	工伤保险费	人工费	0.8%
1.5	生育保险费	人工费	1.5
2	住房公积金	人工费	3%
3	工程排污费	按工程所在地环保部门收费标准，按实计入	暂不计

(8) 税金按计算基础的3.48%计取。

4. 计算内容：根据以上的已知条件，计算分部分项工程费、措施项目费、其他项目费、规费和税金，并填制完成相关表格。

4.2 进阶2 单位工程工程量清单报价计算

进阶2设计思路：在进阶1的基础上，增加计价的项目，增设材料暂估价、专业工程暂估价、总承包服务费的计算，汇总计算单位工程的招标控制价。

4.2.1 建筑与装饰工程量清单报价举例

1. 某工程分部分项工程量清单项目

某工程分部分项工程量清单项目见表4-17。

某工程分部分项工程量清单项目表 **表 4-17**

序号	项目编码	项目名称	项目特征	清单工程量	计价项目	计价工程量
1	010515001001	现浇构件钢筋	钢筋种类、规格：Ⅰ级圆钢 ф10mm	5.25t	现浇混凝土构件钢筋（圆钢 ф10）	5.25t
2	011101001001	水泥砂浆楼地面	1. 找平层厚度、砂浆配合比：20mm厚1∶3水泥砂浆（中砂）找平层 2. 素水泥浆遍数：一遍 3. 面层厚度、砂浆配合比：20mm厚1∶2.5水泥砂浆面层	230m^2	楼地面水泥砂浆找平层（20mm厚1∶3水泥砂浆）	230m^2
	……	……	……			
	分部分项工程费合计255000元					

2. 材料/燃料单价

(1) 材料单价（表4-18）

材料及燃料单价表　　表4-18

序号	材料名称	单位	信息单价（元）	暂估单价（元）	备　注
1	水	m^3	2		
2	水泥32.5	kg	0.38		
3	中砂	m^3	50		
4	草袋子	m^3	无		市场单价为60元
5	圆钢Φ10	t	4800	5000	招标人提供了暂估价

1∶3水泥砂浆单价计算：442×0.38+1.14×50=224.96

素水泥浆单价计算：1517×0.38=576.46

1∶2.5水泥砂浆单价计算：530×0.38+1.14×50=258.4

(2) 人工综合工日单价为70元。

(3) 机械台班单价

卷扬机单筒慢速5t以内台班单价42元；钢筋切断机Φ40以内台班单价32元；钢筋弯曲机Φ40以内台班单价34元；灰浆搅拌机200L台班单价27元。

(4) 管理费费率为18%，利润率为12%，以人工及机械费的合计为计算基础。

(5) 该工程的分部分项工程费25.5万元，其中人工费5.4万元，材料费13.8万元，机械费3.6万元，管理费和利润2.7万元，材料暂估价4.1万元。

(6) 该工程的单价措施项目费10.47万元，其中人工费1.3万元，材料费4.1万元，机械费3.6万元，管理费和利润1.47万元。

(7) 总价措施项目只计算安全文明施工费，安全文明施工费按分部分项人工费的30%计取。

(8) 暂列金额按分部分项工程费的5%计取，其中工程量偏差和设计变更占50%，材料价格风险占50%。

(9) 发包人供应材料共计3.2万元，专业工程暂估价共计6万元。

(10) 总承包服务费按分包的专业工程价值的4%、发包人供应材料价值的1%计取。

(11) 规费按人工费与机械费之和的20%计取。

(12) 税金按计算基础的3.48%计取。

3. 计算内容：根据以上的已知条件，计算分部分项工程费、措施项目费、其他项目费、规费和税金，并填制完成下表中有关数据，见表4-19～表4-27。

工程量清单综合单价分析表

表 4-19

工程名称：　　　　　　　　　　标段：　　　　　　　　　　第　页　共　页

项目编码	010515001001	项目名称	现浇混凝土构件钢筋	计量单位	t	工程量	1

清单综合单价组成明细											
定额编号	定额项目名称	定额单位	数量	单价				合价			
				人工费	材料费	机械费	管理费和利润	人工费	材料费	机械费	管理费和利润
5-296	现浇混凝土构件钢筋	t	1	763	5124.25	26.34	236.80	763	5124.25	26.34	236.80
小计											
未计价材料（设备）费											
清单项目综合单价								6150.39			

材料（设备）费明细	主要材料名称、规格、型号	单位	数量	单价（元）	合价（元）	暂估单价（元）	暂估合价（元）
	钢筋 Φ10	t	1.02			5000	5100
	镀锌铁丝 22 号	kg	5.64	4.3	24.25		
	其他材料费			—		—	
	材料费小计			—	24.25	—	5100

注：1. 如不使用省级或行业建设主管部分发布的计价依据，可不填定额项目、编号等；

2. 招标文件提供了暂估单价的材料，可按暂估的单价填入表内“暂估单价”栏及“暂估合计价”栏。

表 4-20

工程量清单综合单价分析表

工程名称：　　　　　　　　　　标段：　　　　　　　　　　第　页　共　页

项目编码	011101001001	项目名称	水泥砂浆楼地面	计量单位	m²	工程量	1

定额编号	定额项目名称	定额单位	数量	单价				合价			
				人工费	材料费	机械费	管理费和利润	人工费	材料费	机械费	管理费和利润
8-18	水泥砂浆找平层	100m²	0.01	546	513.27	9.18	166.55	5.46	5.13	0.09	1.67
8-23	楼地面水泥砂浆面层	100m²	0.01	718.9	1906.49	9.18	218.42	7.19	19.06	0.09	2.18
小计								12.65	24.19	0.18	3.85
未计价材料（设备）费											
清单项目综合单价								40.87			

材料（设备）费明细	主要材料名称、规格、型号	单位	数量	单价（元）	合价（元）	暂估单价（元）	暂估合价（元）
	1∶3水泥砂浆	m³	0.0202	224.96	4.54		
	素水泥浆	m³	0.002	576.46	1.15		
	水	m³	0.044	2	0.08		
	1∶2.5水泥砂浆	m³	0.0202	258.4	5.22		
	草袋子	m³	0.22	60	13.2		
	其他材料费			—		—	
	材料费小计			—	24.19	—	

注：1. 如不使用省级或行业建设主管部门发布的计价依据，可不填定额项目、编号等；

2. 招标文件提供了暂估单价的材料，可按暂估的单价填入表内“暂估单价”栏及“暂估合计价”栏。

分部分项工程清单与计价表 **表 4-21**

工程名称：　　　　　　　　标段：　　　　　　　　　　　第　页　共　页

序号	项目编码	项目名称	项目特征描述	计量单位	工程量	金额（元）		
						综合单价	合价	其中 暂估价
1	010515001001	现浇构件钢筋	钢筋种类、规格：Ⅰ级圆钢 ф10	t	5.25	6150.39	32289.55	26775
2	011101001001	水泥砂浆楼地面	1. 找平层厚度、砂浆配合比：20mm 厚 1∶3 水泥砂浆（中砂）找平层 2. 素水泥浆遍数：一遍 3. 面层厚度、砂浆配合比：20mm 厚 1∶2.5 水泥砂浆面层	m^2	230	40.87	9400.10	
	……		……					
	……						……	……
合　计							255000	41000

总价措施项目计价表 **表 4-22**

序号	项目名称	计算基础 分部分项人工费	费率	金额（元）
1	安全文明施工费	54000	30%	16200
2	夜间施工增加费	—		
3	二次搬运费	—		
4	冬雨期施工增加费	—		
5	已完工程及设备保护费	—		
	合　计	16200		

其他项目计价表 **表 4-23**

工程名称：×××

序号	项目名称	金额（元）	结算金额（元）	备注
1	暂列金额	12750		255000×5%取整
2	暂估价	60000		
2.1	材料工程（设备暂估价）/结算价	—		
2.2	专业工程暂估价/结算价	60000		
3	计日工	—		
4	总承包服务费	2720		60000×4%+32000×1%
5	索赔与现场签证			
	合　计	75470		

暂列金额明细表　　**表 4-24**

工程名称：　　标段：　　第　页　共　页

序号	项目名称	计量单位	暂列金额（元）	备注
1	工程量偏差和设计变更	项	6375	50%
2	材料价格风险	项	6375	50%
合　计			12750	

总承包服务费计价表　　**表 4-25**

工程名称：　　标段：　　第　页　共　页

序号	工程名称	项目价值（元）	服务内容	计算基础	费率（%）	金额（元）
1	发包人发包专业工程	60000			4	2400
2	发包人提供材料	32000			1	320
3	发包人提供设备					
	合计					2720

规费税金项目计价表　　**表 4-26**

工程名称：　　标段：　　第　页　共　页

序号	工程名称	计算基础	计算基数	费率（%）	金额（元）
1	规费	人工费＋机械费	139000	20	27800
1.1	社会保险费				
(1)	养老保险费				
(2)	失业保险费				
(3)	医疗保险费				
(4)	工伤保险费				
(5)	生育保险费				
1.2	住房公积金				
1.3	工程排污费	按工程所在地环境保护部门收费标准，按实计入		暂不计	—
2	税金	分部分项工程费＋措施项目费＋其他项目费＋规费－按规定不计税的工程设备金额	479170	3.48	16675.12

编制人（造价人员）：　　复核人（造价工程师）：

单位工程投标报价汇总表 表 4-27

序号	工程名称	金额（元）	其中暂估价（元）
1	分部分项工程项目	255000	41000
1.1			—
1.2			—
1.3			—
1.4			—
2	措施项目费	120900	
2.1	其中：安全文明施工费	16200	—
3	其他项目费	75470	—
3.1	其中：暂列金额	12750	
3.2	其中：专业工程暂估价	60000	60000
3.3	其中：计日工	—	
3.4	其中：总承包服务费	2720	
4	规费	27800	—
5	税金	16675.12	—
	工程造价	495845.12	101000

4.2.2 建安工程造价计算练习

1. 已知分部分项工程量清单项目（表 4-28）

表 4-28

序号	项目编码	项目名称	项目特征	清单工程量	计价项目	计价工程量
1	010101003001	挖沟槽土方	1. 土壤类别：综合二类 2. 挖土深度：1.5m 3. 弃土运距：60%的挖方堆放在基槽边 40m 处，40%的挖方堆放在基槽边 5m 内	752.83m^3	挖沟槽土方	752.83m^3
					人力车运土方 40m	451.70m^3
2	010401001001	砖基础	1. 砖品种、规格、强度等级：MU10 页岩标砖、基础 240mm 厚 2. 基础类型：带形 3. 砂浆强度等级：M5（细砂） 4. 防潮层种类：无	5.35m^3	主项：砖基础	5.35m^3
					附项：无	
3	010401005001	空心砖墙	1. 砖品种、规格、强度等级：MU5.0 烧结空心砖 2. 墙体类型：混水墙 3. 砂浆强度等级、配合比：M5 混合砂浆	35.3m^3	主项：空心砖墙	35.3m^3
					附项：无	

续表

序号	项目编码	项目名称	项目特征	清单工程量	计价项目	计价工程量
4	010502001001	矩形柱	1. 混凝土种类：商品混凝土 2. 混凝土强度等级：C30	38.98m^3	主项：商品混凝土矩形柱	38.98m^3
					附项：无	
5	010902001001	屋面卷材防水（保温上人屋面）	1. 卷材品种、规格、厚度：4mm厚SBS-Ⅰ改性沥青防水卷材 2. 防水层数：一层	939.13m^2	主项：SBS卷材防水	939.13m^2
					附项：无	
6	020201001013	内墙面一般抹灰	1. 墙体类型：内墙 2. 18mm厚水泥砂浆普通抹灰 3. 保温层：中空玻化微珠无机保温，45mm厚（单列） 4. 抗裂砂浆复合中碱玻纤网格布一层（单列） 5. 柔性耐水腻子（单列） 6. 装饰面材料种类：喷无机涂料（单列）	4765.98m^2	主项：水泥砂浆普通抹灰（中砂）	4765.98
7	020204003014	外墙面砖	1. 墙体类型：外墙 2. 找平层厚度、砂浆配合比：水泥砂浆15厚1∶3水泥砂浆找平，扫毛（混凝土墙面增刷素水泥浆一道） 3. 打底砂浆厚度、砂浆配合比：水泥砂浆10厚1∶2.5水泥砂浆 4. 专用粘结剂粘贴面砖（缝宽≤10，周长≤500） 5. 专用勾缝剂勾缝	5436.87m^2	主项：外墙面砖（粘接剂粘接，缝宽≤10，周长≤500）	5436.87
					附项1：墙柱面水泥砂浆找平（15mm厚1∶3水泥砂浆）	5436.87
					附项2：素水泥浆一遍	5436.87
					附项3：墙柱面块料面层基层打底（10mm厚1∶2.5水泥砂浆）	5436.87
…	……	……	……		……	……
	分部分项工程合计1946000元					

2. 已知单价措施项目（表4-29）

表4-29

序号	项目编码	项目名称	项目特征	清单工程量	计价项目	计价工程量
1	011702002001	混凝土矩形柱模板	—	152.33m^2	主项：混凝土矩形柱模板	152.33
					附项：无	
2	011702008001	混凝土圈梁模板及支架	—	32.36m^2	主项：混凝土圈梁模板及支架	32.36
					附项：无	
…	……	……		……	……	……
	单价措施项目合计934800元					

3. 已知条件

(1) 材料/燃料单价（表4-30学生自己询价填写，设定一个材料暂估价）

材料及燃料单价表 **表4-30**

序号	材料名称	单位	信息单价（元）	材料暂估价（元）
1				
2				
3				
4				
5				
6				
7				
8				
9				
10				
11				
12				

(2) 人工综合工日单价或人工费调整系数为（　　）。

(3) 机械台班单价或机械费调整系数为（　　）。

(4) 管理费费率和利润率按人工及机械费合计的28%计取。

(5) 该单位工程的分部分项工程费194.6万元，其中人工费42万元，材料费105万元，机械费28万元，管理费和利润19.6万元，材料暂估价35万元。

(6) 该单位工程的单价措施项目费93.48万元，其中人工费11万元，材料费41万元，机械费30万元，管理费和利润11.48万元，材料暂估价22万元。

(7) 总价措施项目只计算安全文明施工费，安全文明施工费按分部分项人工费的30%计取。

(8) 暂列金额按分部分项工程费的5%计取，其中工程量偏差和设计变更占50%，材料价格风险占50%。

(9) 专业工程暂估价共计20万元。

(10) 总承包服务费按分包的专业工程价值的3%计取。

(11) 规费按当地规定计算。

(12) 税金按规定计算。

4.3 进阶3 完整项目计价

进阶3设计思路：给定一个完整的单位工程的工程量清单及图纸，根据本地区定额计算计价项目工程量，并根据下列已知条件计算该单位工程的招标控制价。

1. 本题图纸选自《建筑工程量计算实训》教材进阶2的车库工程。根据图纸及当地定额，学生计算相应的计价工程量，按题目要求计算各项费用。

要求：

（1）钢筋为甲供材料，按材料暂估价计入分部分项工程费。钢筋暂估价为3200元/吨。

（2）人工单价、材料及燃料单价、机械台班单价按指定的造价信息和有关文件计取。

（3）各项费用的计算按本地费用文件计取。

要求计算分部分项工程费、措施项目费、其他项目费、规费和税金，汇总计算招标控制价，填制附表中的相关表格。

2. 分部分项工程项目及单价措施项目清单

分部分项工程项目及单价措施项目清单见表4-31。

分部分项工程项目及单价措施项目清单表　　表4-31

序号	项目编码	项目名称	计量单位	工程量
		A. 土石方工程		
1	010101001001	平整场地	m^2	262.55
2	010101003001	挖沟槽土方	m^3	13.97
3	010101004001	挖基坑土方	m^3	213.15
4	010103001001	室内回填土	m^3	7.33
5	010103001002	基础回填土	m^3	164.20
6	010103002001	余方弃置	m^3	55.59
		C. 砌筑工程		
7	010401001001	M5水泥砂浆砌砖基础	m^3	3.38
8	010401003001	M5混合砂浆砌实心砖墙（含女儿墙）	m^3	62.44
		E. 混凝土及钢筋混凝土工程		
9	010501001001	现浇C10混凝土基础垫层	m^3	10.09
10	010501003001	现浇C25混凝土独立基础	m^3	43.09
11	010503001001	现浇C25混凝土基础梁	m^3	7.65
12	010502001001	现浇C25混凝土矩形柱	m^3	12.00
13	010505001001	现浇C25混凝土有梁板	m^3	49.18
14	010505007001	现浇C25混凝土屋面挑檐板	m^3	5.43
15	010501001002	现浇C10混凝土楼地面垫层	m^3	24.44
16	010507001001	现浇C20混凝土坡道	m^3	16.64
17	010507001002	现浇C15混凝土散水	m^2	39.84
18	010503005001	预制C20混凝土过梁	m^3	0.9
19	010514002001	预制C20混凝土拖布池	m^3	
20	010515001001	现浇构件钢筋　圆钢小于等于Φ10	t	5.166
21	010515001002	现浇构件钢筋　圆钢大于Φ10	t	2.846
22	010515001003	现浇构件钢筋　螺纹钢	t	3.476
		H. 门窗工程		
23	010803001001	金属卷闸门	m^2	57.12

续表

序号	项目编码	项目名称	计量单位	工程量
24	010807001001	铝合金推拉窗	m^2	40.32
		J. 屋面及防水工程		
25	010902001001	弹性体（SBS）改性沥青卷材防水层	m^2	331.09
26	010902006001	PVC吐水管	个	6
		K. 保温、隔热、防腐工程		
27	011001001001	保温隔热屋面 现浇水泥蛭石	m^2	307.23
		L. 楼地面装饰工程		
28	011101001001	1∶2水泥砂浆地面面层20厚（地面）	m^2	244.35
29	011101006001	1∶2.5水泥砂浆防水卷材保护层20厚（屋面）	m^2	307.23
30	011101006002	1∶3水泥砂浆找平层25厚（屋面）	m^2	307.23
		M. 墙、柱面装饰与隔断、幕墙工程		
31	011201001001	混合砂浆抹内墙面	m^2	194.35
32	011201004001	外墙立面1∶3水泥砂浆找平层	m^2	355.47
33	011204003001	内墙面砖贴面（墙裙）	m^2	120.10
34	011204003002	外墙面砖贴面（橘黄色）	m^2	77.16
35	011204003002	外墙面砖贴面（白色）	m^2	294.56
36	011201001002	1∶2水泥砂浆抹面（中砂）（女儿墙内侧）	m^2	47.71
37	011206002001	拖布池瓷砖贴面	m^2	
		N. 天棚工程		
38	0113010001001	混合砂浆天棚抹灰	m^2	283.88
39	011301001002	混合砂浆挑檐板抹灰	m^2	54.28
		P. 油漆、涂料、裱糊工程		
40	011407001001	内墙面刷仿瓷涂料两遍	m^2	196.48
41	011407002001	天棚刷仿瓷涂料两遍	m^2	337.55
		S. 措施项目		
42	011702001001	综合脚手架	m^2	262.55
43	011703001001	混凝土基础垫层模板及支架	m^2	13.92
44	011703003001	混凝土基础模板及支架	m^2	73.44
45	011703010001	混凝土基础梁模板及支架	m^2	61.18
46	011703007001	混凝土矩形柱模板及支架	m^2	111.68
47	011703019001	混凝土有梁板模板及支架	m^2	352.54
48	011703027001	混凝土屋面挑檐板模板及支架	m^2	54.28
49	011704001001	垂直运输机械	m^2	262.55

注：1. 表格中未标注工程量由学生计算。

2. 挖沟槽和挖基坑均不放坡，但要考虑工作面。工作面按每边300mm计算。

3. 装饰部分计算条件：内墙墙裙面砖厚度共计20mm，外墙面砖厚度共计25mm。窗内侧、底面和顶面不计涂料，门内侧墙裙和涂料按140mm计算。门外侧壁不做面砖，窗外侧侧壁、顶面及底面面砖按120mm宽计算。工程量并入墙面相应项目。

4. 计算计价工程量时，需完善施工方案，由学生自行假设考虑。

4.4 进阶4 强化训练

进阶4设计思路：针对学生对于其他项目费理解不清晰，对招标控制价和投标报价编制的异同点掌握有难度，本次进阶集中训练薄弱环节，提高学生对造价的总体认识。

4.4.1 其他项目费计算题

已知某工程所给定的条件如下：

（1）招标工程量清单中暂列金额为20000元。

（2）分包的专业工程价款为50000元。

（3）招标人提供材料的价款为40000元。

（4）计日工中的人工消耗量34个工日，水泥32.5消耗量13000kg，中砂消耗量15.7m^3，砾石（粒径5～40mm）消耗量40m^3，水15.5m^3，工日单价和材料单价分别为58元/工日，水泥32.5单价为0.38元/kg，中砂单价为65元/m^3，砾石（粒径5～40mm）单价为50元/m^3，水的单价为2元/m^3。管理费和利润根据当地规定计取。

（5）总承包服务费分别按专业工程分包价格的3%计取，按甲供材料的1%计取。

根据以上条件，计算该工程的其他项目费，列出计算过程，并填制其他项目清单与计价汇总表，见表4-32、表4-33。

其他项目清单与计价汇总表　　表4-32

序号	项目名称	金额（元）	结算金额（元）	备注
1	暂列金额			
2	暂估价			
2.1	材料工程（设备暂估价）/结算价			
2.2	专业工程暂估价/结算价			
3	计日工			
4	总承包服务费			
5	索赔与现场签证			
	合　计			

4.4.2 工程招标控制价

某单位工程招标控制价的编制依据和方法见表4-33，若有投标人甲要计算该工程的投标报价，其计算依据和方法会有什么不同？请根据表格提示进行完善。

分　析　表　　表4-33

内容	招标控制价（计算依据或方法）	投标报价（计算依据或方法）	异同（完全相同打√，一定不相同打×，可能相同打＊）	备　注
分部分项清单项目	56项			
总价措施项目	1项：安全文明施工费	至少有1项安全文明施工费，根据投标人的施工组织设计，确定是否还应计算其他的总价措施项目费	＊	

续表

内容	招标控制价（计算依据或方法）	投标报价（计算依据或方法）	异同（完全相同打✓，一定不相同打×，可能相同打*）	备　注
单价措施项目	8项			
综合单价费用构成	5项：人工费、材料费、机械费、管理费、利润			
分部分项计价项目及工程量计算	根据当地定额进行项目的划分和计算	根据投标人甲的企业定额进行项目的划分和计算		
综合单价中的人工费	按有关文件规定系数进行了人工价差调整	不低于控制价中的人工单价		
综合单价中材料单价	来源于当地当时的工程造价信息			
综合单价中的管理费和利润	按文件规定的计算方法和系数进行计算			
暂列金额	200000元			
专业工程暂估价	82000			
材料暂估价	外墙面砖按120元/m^2计入综合单价			
总承包服务费	本工程有专业工程分包，根据招标文件，按分包工程费的4%计算，为3280元			
规费内容	五险一金、工程排污费			
规费费率	取费文件			
税金	综合税率按3.48%计算			
单位工程造价	最高限价	个别报价		

5 定额计价方式下工程造价实训方案（建筑安装工程）

5.1 进阶1 部分项目给水排水工程造价计算

进阶1设计思路：选定建筑给水排水管道工程中部分分项工程为例，根据给定的分部分项工程的工程量，措施项目及其他已知条件，计算给定分部分项工程的预算价格。具体计算费用有：分部分项工程费、措施项目费、暂列金额、规费、税金、预算价格。考虑到全国各省（市）的定额和费用文件有差异，例题使用全国统一安装定额（GYD—2000），费用计算方法和主要材料由题目给定。练习题目中，各费用计算基础和计算方法可由学生灵活设定，各项主材单价可由学生根据当时当地的造价信息或市场价格确定。

5.1.1 给排水工程部分项目计价举例

1. 分部分项工程

给水排水分部分项工程项目见表5-1。

给水排水分部分项工程项目 **表5-1**

序号	项目名称	计量单位	工程量
1	镀锌钢管安装 *DN*25（螺纹连接）	m	150.00
2	截止阀安装 *DN*25	个	20.00
3	铜镀铬水龙头安装 *DN*20	个	20.00

2. 主要材料/燃料单价价格

材料单价见表5-2。

材 料 单 价 **表5-2**

序号	材料名称	单位	信息单价（元）
1	镀锌钢管 *DN*25	m	15.65
2	截止阀 *DN*25	个	8.10
3	铜镀铬水龙头 *DN*20	个	10.00

3. 人工费调整系数为0.83。

4. 管理费和利润率按分部分项工程费中的定额人工费与定额机械费之和为计算基数，按费率合计40%计取。

5. 措施项目中的安全文明施工费，计算基础为定额人工费，费率按52%计取；本工程暂不考虑高层建筑增加费和超高工程增加费。

6. 暂列金额按分部分项工程费的10%计取。

7. 税率按3.48%计取。

8. 规费费率按表5-3的标准计取。

规费费率标准表 **表5-3**

序号	规费名称	计算基础	费率
1	社会保险费	定额人工费	
1.1	养老保险费	定额人工费	11%
1.2	失业保险费	定额人工费	1.1%
1.3	医疗保险费	定额人工费	4.5%
1.4	工伤保险费	定额人工费	1.3%
1.5	生育保险费	定额人工费	暂不计
2	住房公积金	定额人工费	5%
3	工程排污费	按工程所在地环保部门收费标准，按实计入	暂不计

要求：根据以上的已知条件，计算分部分项工程费、措施项目费、其他项目费、规费和税金，并填制完成后面相关表格（表5-4～表5-9）。

表 5-4

分部分项工程费及材料/燃料分析表

工程名称：某给水排水工程

序号	定额编号	项目名称	单位	工程量	基价	合价	定额人工费		定额材料费		定额机械费		管理费、利润		未计价材料费				
							单价	小计	单价	小计	单价	小计	费率	小计	材料名称	单位	单价	数量	合价
1	8-89	室内管道镀锌钢管 *DN*25（螺纹连接）	10m	15.000	83.51	1252.65	51.08	766.20	31.40	471.00	1.03	15.45	40%	312.66	镀锌钢管 *DN*25	m	15.65	10.200/153.00	2394.45
2	8-243	螺纹阀门 *DN*25	个	20.000	6.24	124.80	2.79	55.80	3.45	69.00	—	—	40%	22.32	螺纹阀门 *DN*25	个	8.10	1.010/20.20	163.62
3	8-439	水龙头 *DN*20	10个	2.000	7.48	14.96	6.50	13.00	0.98	1.96	—	—	40%	5.20	铜水嘴	个	10.00	10.100/20.20	202.00
		合　计				1392.41		835.00		541.96		15.45		340.18					2760.07

注：未计价材料数量为A/B，A为定额单位消耗量，B为主材总消耗量。

分部分项工程计价表 **表 5-5**

序号	项目名称	计算式	金额（元）
1	定额人工费	—	835.00
2	定额材料费	计价材料费＋未计价材料费	3302.03
3	定额机械费	—	15.45
4	管理费、利润	（人＋机）×40％	340.18
5	人工费价差调整	定额人工费×83％	693.10
	合　计		5185.76

措施项目计价表 **表 5-6**

序号	项目名称	计算基础	费率	金额（元）
		分部分项定额人工费		
1	安全文明施工费	835.00	52％	434.20
2	夜间施工增加费			
3	二次搬运费			
4	冬雨期施工增加费			
5	已完工程及设备保护费			
6	脚手架搭拆费	835.00	5％	41.80
	合计	476.00		

其他项目计价表 **表 5-7**

序号	项目名称	金额（元）	结算金额	备注
1	暂列金额	518.58		5185.76×10％
2	暂估价	—		
2.1	材料工程（设备暂估价）/结算价	—		
2.2	专业工程暂估价/结算价	—		
3	计日工	—		
4	总承包服务费	—		
5	索赔与现场签证	—		
		518.58		

规费税金项目计价表 **表 5-8**

序号	项目名称	计算基础	计算基数	费率（％）	金额（元）
1	规费	定额人工费			191.22
1.1	社会保险费	定额人工费			
(1)	养老保险费	定额人工费	835.00	11	91.85
(2)	失业保险费	定额人工费	835.00	1.1	9.19
(3)	医疗保险费	定额人工费	835.00	4.5	37.58
(4)	工伤保险费	定额人工费	835.00	1.3	10.86

续表

序号	项目名称	计算基础	计算基数	费率（%）	金额（元）
(5)	生育保险费	定额人工费	835.00	暂不计入	
1.2	住房公积金	定额人工费	835.00	5	41.75
1.3	工程排污费	按工程所在地环境保护部门收费标准，按实计入		暂不计入	
2	税金	分部分项工程费＋措施项目费＋其他项目费＋规费－按规定不计税的工程设备金额	6097.94	3.48	212.21

单位工程造价汇总表　　**表 5-9**

序号	项目名称	金额（元）	其中暂估价（元）
1	分部分项工程费	5185.76	
1.1	人工费	1528.10	
1.2	材料费	3302.03	
1.3	机械费	15.45	
1.4	管理费、利润	340.18	
2	措施项目费	476.00	
2.1	总价措施项目费	476.00	
3	其他项目费	518.58	
4	规费	191.22	
5	税金	221.73	
安装预算造价		6593.29	

5.1.2　建筑给水排水工程计价练习

1. 已知分部分项工程项目（表 5-10）

表 5-10

序号	项目名称	计量单位	工程量
1	内筋嵌入式钢塑复合管安装 *DN*50	m	40.00
2	内筋嵌入式钢塑复合管安装 *DN*32	m	22.00
3	球阀安装 *DN*25	个	4
4	UPVC 塑料排水管安装 *DN*100	m	35.00
5	UPVC 塑料排水管安装 *DN*50	m	15.00
6	瓷蹲式大便器安装	套	2
7	塑料地漏安装 *DN*50	个	8
8	水龙头安装 *DN*15	个	10

2. 已知措施项目（表 5-11）

表 5-11

序号	项目名称	计量单位	工程量
1	安全文明施工费	项	1
2	脚手架搭拆费	项	1
3	……		

3. 计算条件（表 5-12 中数据由学生自己获取和填制）

主要材料单价表 **表 5-12**

序号	材料名称	单位	信息单价（元）
1	内筋嵌入式钢塑复合管 *DN*50	m	
2	内筋嵌入式钢塑复合管 *DN*32	m	
3	球阀 *DN*25	个	
4	UPVC 塑料排水管 *DN*100	m	
5	UPVC 塑料排水管 *DN*50	m	
6	瓷蹲式大便器	套	
7	塑料地漏 *DN*50	个	
8	水龙头 *DN*15	个	

4. 人工费调整系数为（　　）。

5. 分部分项工程管理费和利润的计算基础参考示例，管理费费率和利润率合计按（　　）计取。

6. 暂列金额按分部分项工程费的（　　）计取。

7. 规费费率按示例中的标准计取。

计算内容：根据以上的已知条件，计算分部分项工程费、措施项目费、其他项目费、规费和税金，并填制完成附录中相关表格。

5.2 进阶 2 电气照明安装工程预算造价计算

进阶 2 设计思路：选定建筑电气照明工程为例，并给定完整的照明工程的相关费用合计。和 5.1 项目计价实例对比，计算内容上有专业区分，增加计价的项目，改变费用计算的方法，增设材料暂估价，让学生学会根据不同的费用计算要求灵活掌握预算造价的计算。具体的变化有：专业措施项目计费项目和计费基础的调整，管理费、利润、安全文明施工费、规费等计算费率的调整。

5.2.1 电气照明工程计价举例

1. 分部分项工程项目

电气安装分部分项工程项目见表 5-13。

电气安装分部分项工程项目表 **表 5-13**

序号	项目名称	计量单位	工程量
1	嵌入式配电箱安装（500×400×200）	台	1
2	单管吸顶荧光灯安装（220V、35W）	套	24
…	……		

2. 部分单价信息

主要材料单价见表 5-14。

材料单价表　　表 5-14

序号	材料名称	单位	信息单价（元）
1	配电箱（500×400×200）	台	700.00
2	单管荧光灯（220V、35W）	套	28.00
3	破布	kg	23.32
4	铁纱布 1 号	张	4.24
5	调和漆	kg	65.72
6	水钢板垫板	kg	14.22
7	铜接线端子 DT-10mm²	个	16.64
8	裸铜线 10mm²	kg	59.22
9	塑料软管	kg	35.56
10	电力复合脂一级	kg	50.00
11	自黏性橡胶带 20×5	卷	9.29
12	镀锌精制带帽螺栓	10 套	18.21
13	塑料绝缘线 BLV-2.5mm²	m	1.59
14	伞形螺栓 M6-8×150	套	0.90
…	……		

3. 人工综合工日单价为：80 元。

4. 分部分项工程管理费和利润的计算基础为分项工程中定额人工费，管理费费率和利润率合计按 25%计取。

5. 暂列金额按分部分项工程费的 10%计取，其中工程量偏差和设计变更占 60%，材料价格风险占 40%。

6. 本工程为 8 层建筑，层高均为 3.3m；该单位工程的定额人工费 7320.40 元，材料费 40801.62 元、其中未计价材料费为 36480.46 元，机械费为 0，材料暂估价 5000 元。

7. 措施项目中的安全文明施工费，计费基础为定额人工费，费率按 36%计取。

8. 嵌入式配电箱（500×400×200），设备暂估 700 元/台。

9. 规费费率按表 5-15 的标准计取。

规费费率表　　表 5-15

序号	规费名称	计算基础	费率
1	社会保险费	定额人工费	
1.1	养老保险费	定额人工费	7.5%
1.2	失业保险费	定额人工费	1.1%
1.3	医疗保险费	定额人工费	4.5%
1.4	工伤保险费	定额人工费	1.3%
1.5	生育保险费	定额人工费	3.5%
2	住房公积金	定额人工费	5%
3	工程排污费	按工程所在地环保部门收费标准，按实计入	暂不计

10. 税金按计算基础的 3.48%计取。

计算内容：根据以上的已知条件，计算分部分项工程费、措施项目费、其他项目费、规费和税金，并填制完成下附表中相关表格（表 5-16～表 5-24）。

分部分项工程费及材料/燃料分析表

表 5-16

序号	定额编号	项目名称	单位	工程量	基价	合价	人工费		材料费		机械费		管理费、利润		未计价材料费				
							单价	小计	单价	小计	单价	小计	费率	小计	材料名称	单位	单价	数量	合价
1	2-264	配电箱(500×400×200)	台	1	230.04	230.04	144.00	144.00	86.04	86.04	—	—	25%	36.00	成套配线箱	台	700.00	1	700.00
2	2-1594	单管吸顶荧光灯(220V、35W)	10套	2.4	301.88	724.512	173.6	416.64	31.06	74.55	—	—	25%	104.16	成套荧光灯具	套	28.00	10.100/24.24	678.72
3	…	……																	
	…	……																	
	…	……																	
		合 计				13471.66		7320.40		4321.16				1830.10					36480.46

计价材料/用量分析及费用计算表　　**表 5-17**

项目名称：配电箱安装　　工程量：1台

序号	材料名称	单位	定额消耗量（每台）	实际消耗量	信息单价（元）	计价材料费单价（元/台）	材料费小计（元）
1	破布	kg	0.10	0.10	23.32	86.04	86.04
2	铁纱布1号	张	0.80	0.80	4.24		
3	调和漆	kg	0.03	0.03	65.72		
4	水钢板垫板	kg	0.15	0.15	14.22		
5	铜接线端子 DT-10mm^2	个	2.03	2.03	16.64		
6	裸铜线 10mm^2	kg	0.20	0.20	59.22		
7	塑料软管	kg	0.15	0.15	35.56		
8	电力复合脂一级	kg	0.41	0.41	50		
9	自黏性橡胶带 20×5	卷	0.10	0.10	9.29		
10	镀锌精制带帽螺栓	10套	0.21	0.21	18.21		

计价材料用量分析及费用计算表　　**表 5-18**

项目名称：单管吸顶荧光灯安装　　工程量：24套

序号	材料名称	单位	定额消耗量（每10套）	实际消耗量	信息单价	计价材料费单价（元/10套）	材料费小计（元）
1	塑料绝缘线 BLV-2.5mm^2	m	7.13	17.11	1.59	31.06	74.55
2	伞形螺栓 M6-8×150	套	20.40	48.96	0.90		
3	其他材料费	元	1.37	3.28			

分部分项工程计价表　　**表 5-19**

序号	项　目	计算式	金额（元）
1	人工费		7320.40
2	材料费	计价材料＋未计价材料	40801.62
3	机械费		0
4	管理费、利润		1830.10
	合　计		49952.12

总价措施项目计价表 表 5-20

序号	项目名称	计算基础	费率	金额（元）
		分部分项定额人工费（元）		
1	安全文明施工费	7320.40	36%	2635.34
2	夜间施工增加费			
3	二次搬运费			
4	冬雨期施工增加费			
5	已完工程及设备保护费			
6	脚手架搭拆费	7320.40	4%	292.82
7	高层建筑增加费	7320.40	1%	73.20
	合　计	3001.36		

其他项目计价表 表 5-21

序号	项目名称	金额（元）	结算金额（元）	备注
1	暂列金额	4995.21		49952.12×10%
2	暂估价	—		
2.1	材料工程（设备暂估价）/结算价	(5000)		配电箱、电力电缆线等
2.2	专业工程暂估价/结算价	—		
3	计日工	—		
4	总承包服务费	—		
5	索赔与现场签证	—		
	合计	4995.21		

注：材料暂估价已计入材料费中，此表中不计入合价。

暂列金额明细表 表 5-22

序号	项目名称	计量单位	暂列金额（元）	备注
1	工程量偏差和设计变更	—	2997.13	60%
2	材料价格风险	—	1998.08	40%
合　计			4995.21	

规费税金项目计价表 表5-23

序号	工程名称	计算基础	计算基数（元）	费率	金额（元）
1	规费	定额人工费			1676.37
1.1	社会保险费	定额人工费			1310.35
(1)	养老保险费	定额人工费	7320.4	7.5%	549.03
(2)	失业保险费	定额人工费	7320.4	1.1%	80.52
(3)	医疗保险费	定额人工费	7320.4	4.5%	329.42
(4)	工伤保险费	定额人工费	7320.4	1.3%	95.17
(5)	生育保险费	定额人工费	7320.4	3.5%	256.21
1.2	住房公积金	定额人工费	7320.4	5%	366.02
1.3	工程排污费	按工程所在地环境保护部门收取标准，按实计入		暂不计入	
2	税金	分部分项工程费＋措施项目费＋其他项目费＋规费－按规定不计税的工程设备金额	59625.06	3.48%	2074.95

单位工程造价汇总表 表5-24

序号	工程名称	金额（元）	其中暂估价（元）
1	分部分项工程费	49952.12	
1.1	人工费	7320.40	
1.2	材料费	40801.62	5000.00
1.3	机械费	0	
1.4	管理费、利润	1830.10	
2	措施项目费	3001.36	
2.1	总价措施项目费	3001.36	
3	其他项目费	4995.21	
4	规费	1676.37	
5	税金	2074.95	
安装预算造价		61700.01	

5.2.2 建筑电气安装工程计价练习

1. 已知分部分项工程项目（表5-25）

表5-25

序号	项目名称	计量单位	工程量
1	配电箱安装（500×400×120）	台	1
2	配电箱安装（800×600×200）	台	1

续表

序号	项目名称	计量单位	工程量
3	管内穿线 BV-2.5mm^2	m	225.56
4	管内穿线 BV-4mm^2	m	67.25
5	半圆球吸顶灯安装（灯罩直径 300mm）	套	24
6	双联单控扳把式暗装开关安装	套	15
7	单相暗插座安装（220V、15A）	套	15
8	轴流轴流排风扇安装	台	2
…	……		
…	……		

2. 已知措施项目（表 5-26）

表 5-26

序号	项目名称	计量单位	工程量	计算基础
1	安全文明施工费			
2	脚手架搭拆费			
3	高层建筑增加费			
	……			

3. 计算条件（表 5-27、表 5-28 括号中、表格中数据由学生自己动手获取）

主要材料单价表 **表 5-27**

序号	材料名称	单位	消耗数量	信息单价
1	配电箱（500×400×120）	台		
2	配电箱（800×600×200）	台		
3	BV-2.5mm^2	m		
4	BV-4mm^2	m		
5	半圆球吸顶灯（灯罩直径 300mm）	套		
6	双联单控扳把式暗装开关	套		
7	单相暗插座（220V、15A）	套		
8	轴流轴流排风扇	台		
…	……			

辅助材料及燃料单价表 **表 5-28**

序号	材料名称	单位	数量	信息单价
1				
2				
…	……			

4. 人工综合工日单价为：（　　）。

5. 分部分项工程管理费和利润的计算基础按示例，管理费费率和利润率合计按规定计取（　　）。

6. 暂列金额按分部分项工程费的（　　）计取，其中工程量偏差和设计变更占60%，材料价格风险占40%。

7. 配电箱采用材料暂估价（　　）。

8. 本工程为15层建筑物，高层建筑增加费费率为（　　）；层高均为4.2m；该单位工程的定额人工费47300元，材料费90801.62元、其中未计价材料费为76480.46元，机械费为5300元，材料暂估价8000元。

9. 规费费率按下面的标准计取（表5-29）。

规费费率表　　　　**表5-29**

序号	规费名称	计算基础	费率
1	规费	定额人工费＋定额机械费	
1.1	社会保险费	定额人工费＋定额机械费	
(1)	养老保险费	定额人工费＋定额机械费	
(2)	失业保险费	定额人工费＋定额机械费	
(3)	医疗保险费	定额人工费＋定额机械费	
(4)	工伤保险费	定额人工费＋定额机械费	
(5)	生育保险费	定额人工费＋定额机械费	
1.2	住房公积金	定额人工费＋定额机械费	
1.3	工程排污费	定额人工费＋定额机械费	

10. 税金费率为（　　）。

5.3　进阶3　通风空调安装工程预算造价计算

进阶3设计思路：本实例中选定通风空调工程为例，按照《全国统一安装工程预算定额》使用要求，空调风系统部分套用第九册相关项目。和前面实例对比，计算内容上有专业区分；同时，增加了计费项目，改变部分费用的计算方法，根据不同的费用计算要求，灵活掌握预算造价的计算。具体的变化有：专业措施项目计费办法、管理费、利润、安全文明施工费、规费等的计算费率的调整。

5.3.1　通风空调安装工程造价计算举例

1. 分部分项工程项目（表5-30）

通风空调安装分部分项工程项目　　　　**表5-30**

序号	项目名称	计量单位	工程量
1	镀锌薄钢板矩形风管安装（1000×200，δ=1mm，咬口）	m^2	124.20
2	镀锌薄钢板矩形风管安装（800×200，δ=0.75mm，咬口）	m^2	89.90
3	矩形蝶阀制作 T302-8（15kg以下）	个	10
4	方形散流器安装（碳钢，500×500）	个	28
…	……	…	…

2. 主要材料/燃料单价价格

材料单价见表5-31。

材料单价表　　表5-31

序号	材料名称	单位	信息单价
1	镀锌薄钢板矩形风管（1000×200，δ=1mm，咬口）	m^2	3.50
2	镀锌薄钢板矩形风管（800×200，δ=0.75mm，咬口）	m^2	2.80
3	矩形蝶阀 T302-8（3kg/个）	个	45.00
4	方形散流器（碳钢，500×500）	个	26.00
…	……		

3. 人工费调整系数为0.90。

4. 分部分项工程管理费和利润的计算基础为定额人工费和定额机械费之和，管理费费率和利润率合计按25%计取。

5. 暂列金额按10000元计取。

6.12层建筑，考虑高层建筑增加费；该单位工程的人工费15679.86元，定额计价材料费为8252.56元，未计价材料为31890.26元，机械费1452.78元，材料暂估价5000元。

7. 总价措施费项目计算安全文明施工费，计费基础为定额人工费，费率按45%计算。

8. 专业工程暂估价为1万元。

9. 总承包服务费按专业工程分包价款的5%计取。

10. 规费费率标准、规费费率标准见表5-32。

11. 税金按计算基础的3.48%计取。

规费费率标准表　　表5-32

序号	规费名称	计算基础	费率
1	社会保险费	定额人工费+措施人工费	
1.1	养老保险费	定额人工费+措施人工费	8%
1.2	失业保险费	定额人工费+措施人工费	1.1%
1.3	医疗保险费	定额人工费+措施人工费	3.5%
1.4	工伤保险费	定额人工费+措施人工费	2.3%
1.5	生育保险费	定额人工费+措施人工费	暂不计
2	住房公积金	定额人工费+措施人工费	8%
3	工程排污费	按工程所在地环保部门收费标准，按实计入	暂不计

计算内容：根据以上的已知条件，计算分部分项工程费、措施项目费、其他项目费、规费和税金，并填制完成下表中的相关数据，见表5-33～表5-38。

分部分项工程费及材料/燃料分析表

表 5-33

序号	定额编号	项目名称	单位	工程量	基价	合价	定额人工费		定额材料费		定额机械费		管理费、利润		未计价材料费				
							单价	小计	单价	小计	单价	小计	费率	小计	材料名称	单位	单价	数量	合价
1	9-7	镀锌薄钢板矩形风管制作安装（1000×200，δ = 1mm，咬口）	$10m^2$	12.420	295.54	3670.61	115.87	1439.11	167.99	2086.44	11.68	145.07	25%	396.04	镀锌薄钢板1mm	m^2	3.50	11.380/141.34	494.69
2	9-6	镀锌薄钢板矩形风管制作安装（800×200，δ = 0.75mm，咬口）	$10m^2$	8.990	387.05	3479.58	154.18	1386.08	213.52	1919.54	19.35	173.96	25%	390.01	镀锌薄钢板0.75mm	m^2	2.80	11.38/102.306	286.46
3	9-53	矩形蝶阀制作T302-8（15kg以下）	100kg	0.3	1188.62	356.59	344.35	103.31	402.58	120.77	441.69	132.51	25%	58.95					
4	9-146	方形散流器安装(500×500)	个	28	5.57	155.96	4.64	129.92	0.93	26.04	—	—	25%	32.48					
…		……																	
		合计				18988.91		8252.56		9283.57		1452.78		2426.34					31890.26

分部分项工程计价表 表 5-34

序号	项目名称	计算式	金额（元）
1	定额人工费	—	8252.56
2	定额材料费	计价材料＋未计价材料	41173.83
3	定额机械费	—	1452.78
4	管理费、利润	—	2426.34
5	人工费价差调整	定额人工费×90％	7427.30
	合 计		60732.81

总价措施项目计价表 表 5-35

序号	项目名称	计算基础 分部分项定额人工费（元）	费 率	金 额 （元）
1	安全文明施工费	8252.56	45％	3713.65
2	夜间施工增加费	8252.56	2.5％	206.31
3	二次搬运费	8252.56	1.5％	123.79
4	冬雨期施工增加费	8252.56	1.5％	123.79
5	系统调整费	8252.56	13％	1072.83
6	脚手架搭拆费	8252.56	3％	247.58
7	高层建筑增加费	8252.56	2％	165.05
	合 计	5653.00		

其他项目计价表 表 5-36

序号	项目名称	金额（元）	结算金额（元）	备 注
1	暂列金额	10000		
2	暂估价	15000		
2.1	材料工程（设备暂估价）	(5000)		
2.2	专业工程暂估价	10000		
3	计日工	—		
4	总承包服务费	(500)		
5	索赔与现场签证	—		
	合 计	20500		

规费税金项目计价表 表 5-37

序号	项目名称	计算基础	计算基数	费率（％）	金额（元）
1	规费	定额人工费＋措施人工费			2003.23
1.1	社会保险费	定额人工费＋措施人工费	8747.71		1303.41
(1)	养老保险费	定额人工费＋措施人工费	8747.71	8	699.82
(2)	失业保险费	定额人工费＋措施人工费	8747.71	1.1	96.22
(3)	医疗保险费	定额人工费＋措施人工费	8747.71	3.5	306.17

续表

序号	项目名称	计算基础	计算基数	费率（%）	金额（元）
(4)	工伤保险费	定额人工费＋措施人工费	8747.71	2.3	201.20
(5)	生育保险费	定额人工费＋措施人工费	8747.71	暂不计入	
1.2	住房公积金	定额人工费＋措施人工费	8747.71	8	699.82
1.3	工程排污费	按工程所在地环境保护部门收取标准，按实计入		暂不计入	
2	税金	分部分项工程费＋措施项目费＋其他项目费＋规费－按规定不计税的工程设备金额	88889.04	3.48	3093.34

单位工程造价汇总表　　表5-38

序号	项目名称	金额（元）	其中暂估价（元）
1	分部分项工程费	60732.81	
1.1	人工费	15679.86	
1.2	材料费	41173.83	5000
1.3	机械费	1452.78	
1.4	管理费、利润	2426.34	
2	措施项目费	5653.00	
2.1	总价措施项目费	5653.00	
3	其他项目费	20500	
4	规费	2003.23	
5	税金	3093.34	
	安装预算造价	91982.38	5000

5.3.2　通风空调工程计价练习

1. 已知分部分项工程项目（表5-39）

表5-39

序号	项目名称	计量单位	工程量
1	成套空调器安装（规格：　　　　）	台	1
2	碳钢通风管道安装　500×300　δ=0.75mm	m^2	250.25
3	碳钢通风管道安装　ϕ250　δ=0.75mm厚	m^2	57.12
4	矩形蝶阀安装　500×300	个	5
5	碳钢圆形蝶阀安装　ϕ250	个	4
6	碳钢散流器安装　ϕ250	个	6
7	插板式送风口安装　200×120	个	9
	……		

2. 已知措施项目（表 5-40）

表 5-40

序号	项目名称	计量单位	工程量
1	安全文明施工费	项	1
	……		

3. 计算条件（表 5-41，表格中数据由学生自己动手获取）

主要材料单价表　　表 5-41

序号	材料名称	单位	消耗数量	信息单价
1	成套空调器	台		
2	碳钢通风管道　500×300　δ=0.75mm	m^2		
3	碳钢通风管道　ϕ250　δ=0.75mm 厚	m^2		
4	矩形蝶阀　500×300	个		
5	圆形蝶阀　ϕ250	个		
6	散流器　ϕ250	个		
7	插板式送风口　200×120	个		

4. 人工费调整系数为（　　）。

5. 分部分项工程管理费和利润的计算基础按示例，管理费费率和利润率合计按规定计取(　　)。

6. 暂列金额按分部分项工程费的（　　）计取，其中工程量偏差和设计变更占 60%，材料价格风险占 40%。

7. 专业分包工程费为（　　）；总承包服务费按分包工程费的(　　)计取。

8. 税率按（　　）计取。

9. 规费费率按表 5-42 中的标准计取（计算基础，由学生自行确定）。

规费费率表　　表 5-42

序号	规费名称	计算基础	费率
1	规费		
1.1	社会保险费		
(1)	养老保险费		
(2)	失业保险费		
(3)	医疗保险费		
(4)	工伤保险费		
(5)	生育保险费		
1.2	住房公积金		
1.3	工程排污费		

5.4　进阶4　强化训练

进阶4设计思路：由点及面，在部分项目基础上，给定一个单项工程的相关项目，包括电气照明工程、生活给水排水系统、空调管道系统，计算一个单项工程的安装工程预算价格。

5.4.1　单项工程安装造价计算

1. 单项工程的电气照明、给水排水安装工程项目

单项工程的电气照明、给水排水安装工程项目见表5-43。

单项工程的电气照明、给水排水安装工程项目表　　　　**表5-43**

序号	项目名称	计量单位	工程量
一、电气照明部分			
1	三管吸顶荧光灯安装（220V、36W）	套	24
2	投光灯安装	套	10
3	单联板式暗开关安装（250V 16A）	个	18
4	单相五孔暗插座安装（250V 15A）	个	18
5	管内穿线BV-10mm^2	m	55.60
6	电气配管SC50	m	22.50
…	……		
二、给水排水工程			
（生活给水排水管道系统）			
1	钢管安装*DN*50（焊接）	m	40.00
2	UPVC塑料排水管安装*DN*100	m	35.00
3	球阀安装*DN*25	个	4
4	瓷蹲式大便器安装	套	2
5	塑料地漏安装*DN*50	个	8
…	……		
（空调冷冻水管道系统）			
1	焊接钢管安装*DN*25	m	12.120
2	焊接钢管安装*DN*20	m	20.200
3	螺纹阀门安装*DN*32	个	8
4	自动排气阀*DN*20	个	2
…	……		

2. 主要材料/燃料单价价格

材料单价见表5-44。

材料单价表 表 5-44

序号	材料名称	单位	信息单价（元）
1	配电箱（1000×600×200）	台	1800.00
2	三管吸顶荧光灯（220V、36W）	套	28.00
3	投光灯	套	150.00
4	单联板式暗开关（250V 16A）	只	4.89
5	单相五孔暗插座（250V 15A）	套	5.41
6	管内穿线 BV-10mm^2	m	1.59
7	电气配管 SC50	m	3.62
8	钢管 *DN*50	m	3.430
9	UPVC 塑料排水管 *DN*100	m	12.25
10	球阀 *DN*25	个	4
11	瓷蹲式大便器	套	300
12	塑料地漏 *DN*50	个	5
13	焊接钢管 *DN*25	m	9.65
14	焊接钢管 *DN*20	m	6.62
15	螺纹阀门 *DN*32	个	10.20
16	自动排气阀 DN20	个	35.00
…	……		

3. 人工费调整系数为 0.70。

4. 分部分项工程管理费和利润的计算基础为分部分项费用中人工费和机械费之和，管理费率和利润率合计按 30%计取。

5. 暂列金额按分部分项工程费的 10%计取，其中工程量偏差和设计变更占 60%，材料价格风险占 40%。

6. 15 层建筑，考虑高层建筑增加费。

7. 配电箱设备暂估 1800 元/台。

8. 总价措施项目费计算安全文明施工费，计费基础为定额人工费，费率为 32%。

9. 规费费率标准、规费费率标准见表 5-45。

10. 税金按计算基础的 3.48%计取。

规费费率标准表 表 5-45

序号	规费名称	计算基础	费　率
1	社会保险费	定额人工费	
1.1	养老保险费	定额人工费	6.5%
1.2	失业保险费	定额人工费	1.1%
1.3	医疗保险费	定额人工费	4.5%
1.4	工伤保险费	定额人工费	1.5%
1.5	生育保险费	定额人工费	暂不计
2	住房公积金	定额人工费	4%
3	工程排污费	按工程所在地环保部门收费标准，按实计入	暂不计

要求：计算以上的已知条件，计算各项费用，填制完成下列表格中的数据（表 5-46～表 5-52）。

11. 电气照明工程计价

分部分项工程费及材料/燃料分析表

表 5-46

单位工程名称：电气照明工程

序号	定额编号	项目名称	单位	工程量	基价	合价	定额人工费		定额材料费		定额机械费		管理费、利润		未计价材料费				
							单价	小计	单价	小计	单价	小计	费率	小计	材料名称	单位	单价	数量	合价
1	2-266	配电箱（1000×600×200）	台	1.000	99.84	99.84	65.02	65.02	31.25	31.25	3.57	3.57	30%	20.58	成套配线箱	台	1800	1	1800
2	2-1596	三管吸顶荧光灯（220V、36W）	10套	2.400	92.13	221.11	70.82	169.97	21.31	51.14	—	—	30%	50.99	成套灯具	套	28.00	10.100/24.24	678.72
3	2-1609	投光灯	10套	1.000	202.23	202.23	71.98	71.98	108.85	108.85	21.40	21.40	30%	28.01	成套投光灯具	套	150.00	10.100/10.10	1515.00
4	2-1637	单联板式暗开关（250V 16A）	10套	1.800	24.21	43.58	19.74	35.53	6.18	11.12	—	—	30%	10.66	照明开关	只	4.89	10.200/18.36	89.78
5	2-1670	单相五孔暗插座（250V 15A）	10套	1.800	35.39	63.70	25.54	45.97	9.85	17.73	—	—	30%	13.79	成套插座	套	5.41	10.200/18.36	99.33
6	2-1177	管内穿线 BV-10mm^2	100m单线	0.556	35.89	19.95	22.99	12.78	12.90	7.17	—	—	30%	3.83	绝缘导线 BV-10mm^2	m	1.59	105.000/58.38	92.82
7	2-1013	电气配管 SC50	100m	0.225	553.23	124.48	369.20	83.07	154.35	34.73	29.68	6.68	30%	26.93	钢管 *DN*50	m	3.62	103.000/23.18	83.89
8	2-1377	接线盒暗装	10个	2.400	31.99	76.78	10.45	25.08	21.54	51.70	—	—	30%	7.52	接线盒	个	1.05	10.200/24.48	25.70
9	2-1378	开关盒暗装	10个	3.600	21.12	76.03	11.15	40.14	9.97	35.89	—	—	30%	12.04	接线盒	个	1.05	10.200/36.72	38.56
	…	……	…	…															
		合 计				79058.25		44888.85		8806.00		2610.00		14249.66					169929.00

分部分项工程计价表 表 5-47

序号	项 目	计算式	金额（元）
1	定额人工费	—	44888.85
2	定额材料费	计价材料＋未计价材料	178735.00
3	定额机械费	—	2610.00
4	管理费、利润	—	14249.66
5	人工费价差调整	定额人工费×70%	31422.20
	合 计		271905.71

总价措施项目计价表 表 5-48

序号	项目名称	计算基础	费 率	金 额（元）
		分部分项定额人工费（元）		
1	安全文明施工费	44888.85	32%	14364.43
2	夜间施工增加费			
3	二次搬运费			
4	冬雨期施工增加费			
5	已完工程及设备保护费			
6	脚手架搭拆费	44888.85	4%	1795.55
7	高层建筑增加费	44888.85	4%	1795.55
	合 计	17955.53		

其他项目计价表 表 5-49

序号	项目名称	金额（元）	结算金额	备 注
1	暂列金额	27190.57		271905.71×10% 详见表 5-38
2	暂估价	—		
2.1	材料工程（设备暂估价）/结算价	(1800)		
2.2	专业工程暂估价/结算价	—		
3	计日工	—		
4	总承包服务费	—		
5	索赔与现场签证	—		
	合计	27190.57		

暂列金额明细表 表 5-50

序号	项目名称	计量单位	暂列金额（元）	备 注
1	工程量偏差和设计变更		16314.342	60%
2	材料价格风险		10876.228	40%
合 计			27190.57	

规费税金项目计价表 表5-51

序号	工程名称	计算基础	计算基数	费率	金额（元）
1	规费	定额人工费			7900.44
1.1	社会保险费	定额人工费			6104.88
(1)	养老保险费	定额人工费	44888.85	6.5%	2917.78
(2)	失业保险费	定额人工费	44888.85	1.1%	493.78
(3)	医疗保险费	定额人工费	44888.85	4.5%	2020.00
(4)	工伤保险费	定额人工费	44888.85	1.5%	673.33
(5)	生育保险费	定额人工费	44888.85	暂不计	
1.2	住房公积金	定额人工费	44888.85	4%	1795.55
1.3	工程排污费	按工程所在地环境保护部门收费标准，按实计入		暂不计	
2	税金	分部分项工程费＋措施项目费＋其他项目费＋规费－按规定不计税的工程设备金额	324952.25	3.48%	11308.34

电气照明安装工程造价汇总表 表5-52

序号	工程名称	金额（元）	其中暂估价（元）
1	分部分项工程费	271905.71	
1.1	人工费	76311.05	
1.2	材料费	178735.00	
1.3	机械费	2610.00	
1.4	管理费、利润	14249.66	
2	措施项目费	17955.53	
2.1	总价措施项目费	17955.53	
3	其他项目费	27190.57	
4	规费	7900.44	
5	税金	11308.34	
	安装预算造价	336260.59	

12. 建筑给排水工程造价计算

建筑给排水工程造价计算见表 5-53～表 5-59。

分部分项工程费及材料/燃料分析表　　**表 5-53**

工程名称：给水排水工程

序号	定额编号	项目名称	单位	工程量	基价	合价	定额人工费		定额材料费		定额机械费		管理费、利润		未计价材料费				
							单价	小计	单价	小计	单价	小计	费率	小计	材料名称	单位	单价	数量	合价
生活给排水部分																			
1	8-111	钢管 *DN*50（焊接）	10m	4.000	63.08	252.32	46.21	184.84	11.10	44.40	6.37	25.48	30%	63.10	焊接钢管 *DN*50	m	3.43	10.200/40.80	139.94
2	8-157	UPVC 塑料排水管 *DN*100	10m	3.500	92.93	325.26	53.87	188.55	38.81	135.84	0.25	0.88	30%	56.83	承插塑料排水管 *DN*100	m	12.25	8.520/29.82	365.30
3	8-243	球阀 *DN*25	个	4.000	6.24	24.96	2.79	11.16	3.45	13.80	—	—	30%	3.35	螺纹阀门 *DN*25	个	4.00	1.010/4.04	16.16
4	8-408	瓷低水箱蹲式大便器	10 套	0.200	993.38	198.68	224.31	44.86	769.07	153.81			30%	13.46	瓷蹲式大便器	个	300.00	10.100/2.02	606.00
															低水箱	个	0.00	10.100/	0.00
															水箱配件	套	0.00	10.100	0.00
5	8-447	塑料地漏 *DN*50	10 个	0.500	55.88	27.94	37.15	18.58	18.73	9.37	—	—	30%	5.57	地漏 *DN*50	个	5.00	10.000	25.00
…		……	…	…															

续表

序号	定额编号	项目名称	单位	工程量	基价	合价	定额人工费		定额材料费		定额机械费		管理费、利润		未计价材料费				
							单价	小计	单价	小计	单价	小计	费率	小计	材料名称	单位	单价	数量	合价
空调冷冻水管道工程																			
1	8-100	焊接钢管 *DN*25（螺纹连接）	10m	1.212	81.37	98.62	51.08	61.91	29.26	35.46	1.03	1.25	25%	15.79	焊接钢管 *DN*25	m	9.65	10.200/12.362	119.30
2	8-99	焊接钢管 *DN*20（螺纹连接）	10m	2.020	63.11	127.48	42.49	85.83	20.62	41.65	—	—	25%	21.46	焊接钢管 *DN*20	m	6.62	10.200/20.604	136.40
3	8-244	螺纹阀门 *DN*32	个	8	8.57	68.56	3.48	27.84	5.09	40.72	—		25%	6.96	螺纹阀门 *DN*32	个	10.20	1.010/8.080	82.42
4	8-300	自动排气阀 *DN*20	个	2	11.58	23.16	5.11	10.22	6.47	12.94	—	—	25%	2.56	自动排气阀 *DN*20	个	35.00	1.000/2.000	70.00
	…	……	…																
		合 计				39413.40		31422.20		6164.20		1827.00		9974.76					118950.30

分部分项工程计价表 **表 5-54**

序号	项目名称	计算式	金额（元）
1	定额人工费	—	31422.20
2	定额材料费	计价材料＋未计价材料	125114.50
3	定额机械费	—	1827.00
4	管理费、利润	—	9974.76
5	人工费价差调整	定额人工费×70％	21995.537
	合　计		158911.80

总价措施项目计价表 **表 5-55**

序号	项目名称	计算基础	费率	金额（元）
		分部分项定额人工费（元）		
1	安全文明施工费	31422.20	32％	10055.10
2	夜间施工增加费			
3	二次搬运费			
4	冬雨期施工增加费			
5	已完工程及设备保护费			
6	脚手架搭拆费	31422.20	5％	1571.11
7	高层建筑增加费	31422.20	4％	1256.89
	合　计	12883.10		

其他项目计价表 **表 5-56**

序号	项目名称	金额（元）	结算金额	备　注
1	暂列金额	15891.18		158911.80×10％ 详见表 5-53
2	暂估价	—		
2.1	材料工程（设备暂估价）/结算价	(9500)		
2.2	专业工程暂估价/结算价	—		
3	计日工	—		
4	总承包服务费	—		
5	索赔与现场签证	—		
	合　计	15891.18		

暂列金额明细表 **表 5-57**

序号	项目名称	计量单位	暂列金额（元）	备　注
1	工程量偏差和设计变更		9534.71	60％
2	材料价格风险		6356.47	40％
合　计			15891.18	

规费税金项目计价表　　**表 5-58**

序号	工程名称	计算基础	计算基数	费率（%）	金额（元）
1	规费	定额人工费			5530.31
1.1	社会保险费	定额人工费			6417.89
(1)	养老保险费	定额人工费	31422.20	6.5	2042.44
(2)	失业保险费	定额人工费	31422.20	1.1	345.64
(3)	医疗保险费	定额人工费	31422.20	4.5	1414.00
(4)	工伤保险费	定额人工费	31422.20	1.5	471.33
(5)	生育保险费	定额人工费	31422.20	暂不计	
1.2	住房公积金	定额人工费	31422.20	4	1256.89
1.3	工程排污费	按工程所在地环境保护部门收费标准，按实计人		暂不计	
2	税金	分部分项工程费＋措施项目费＋其他项目费＋规费－按规定不计税的工程设备金额	219108.28	3.48	7624.97

建筑给排水工程造价汇总表　　**表 5-59**

序号	工程名称	金额（元）	其中暂估价（元）
1	分部分项工程费	271905.71	
1.1	人工费	53417.74	
1.2	材料费	125114.50	9500
1.3	机械费	1827.00	
1.4	管理费、利润	9974.76	
2	措施项目费		
2.1	总价措施项目费	12883.10	
3	其他项目费	15891.18	
4	规费	5530.31	
5	税金	7624.97	
	预算价格	226733.25	

13. 单项工程安装工程造价计算（表 5-60）

单项工程预算造价汇总表　　**表 5-60**

序号	单位工程名称	金额（元）	备　注
1	电气照明工程	336260.59	
2	建筑给水排水工程	226733.25	
	单项工程预算造价	562993.84	

5.4.2　建筑安装工程单项工程预算造价计价练习

1. 已知分部分项工程项目（表 5-61）

表 5-61

序号	项　目　名　称	单位	数量
	一、电气部分		
1	落地式配电箱安装（1000×800×200）	台	1
2	单联跷板开关	个	3
3	双联跷板开关	个	1
4	空调插座 15A	个	2
5	单相二加三带安全门插座 15A	个	3
6	卫生间防溅插座	个	3
7	防水防尘灯	套	1
8	节能半球吸顶灯	套	1
9	普通壁灯	套	1
10	普通圆球吸顶灯	套	2
11	配管 PC16	m	33.05
12	配管 PC20	m	40.40
13	管内穿线（BV-2.5mm²）	m	73.20
14	管内穿线（BV-4m²）	m	127.50
15	开关盒	个	12
16	接线盒	个	7
	二、弱电部分		
17	弱电箱	个	1
18	有线电视信息插座	个	2
19	插座底盒	个	2
20	电话插座	个	2
21	插座底盒	m	12.70
22	单孔网络信息插座	m	12.70
23	插座底盒		12.70
24	配管（PC16）		12.70
25	五类四对双绞线（电话线）	个	4
	三、给水排水工程部分		
26	*DN*25 PPR 塑料给水管	m	2.85
27	*DN*20 PPR 塑料给水管	m	4.90

续表

序号	项目名称	单位	数量
28	*DN*15 PPR塑料给水管	m	3.51
29	*DN*100 UPVC排水管	m	5.55
30	*DN*50 UPVC排水管	m	3.80
31	*DN*25球阀	个	1
32	*DN*20阀门	个	1
33	*DN*15水嘴	个	1
34	*DN*50地漏	个	2
35	坐式大便器	组	1
36	洗脸盆	组	1

2. 根据上述分部分项工程，学生可根据所在地区相关部门规定，设定人工费调整系数、管理费费率、利润率、暂列金额、暂估价、措施项目费率、规费费率以及各费用计费基础和计费办法，完成该项目的计价表格。

6 清单计价方式下工程造价实训方案（建筑安装工程）

6.1 进阶1 部分项目建筑给水排水工程清单报价计算

进阶1设计思路：选定建筑给水排水管道工程为例，根据给定的分部分项工程量清单项目、措施清单项目及其他计价项目、按照已知条件及计算要求，计算给定项目的招标控制价。具体计算费用有：分部分项工程费、总价措施项目费、暂列金额、规费、税金和招标控制价。例题使用全国统一安装定额，费用计算方法由题目给定。练习题目中的主材单价，由学生根据当时当地的造价信息或市场价格获取。

6.1.1 建筑给排水安装工程清单报价计算实例

1. 建筑给水排水安装分部分项工程项目

建筑给水排水安装分部分项工程项目见表6-1。

建筑给排水安装分部分项工程项目表 **表6-1**

序号	项目名称	项目特征	计量单位	工程数量
1	镀锌钢管安装	室内冷水管道，规格：*DN*25，连接方式：螺纹连接	m	55.00
2	螺纹阀门 *DN*25	类型：铜质球阀，规格：*DN*25，连接方式：螺纹连接	个	20
3	水龙头 *DN*15	铜质 *DN*15 水嘴，连接方式：螺纹连接	个	20
4	*DN*50 地漏	钢质 *DN*50 地漏	个	20

2. 主要材料/燃料单价价格

材料单价见表6-2。

主要材料单价表 **表6-2**

序号	材料名称	单位	信息单价
1	镀锌钢管 *DN*25	m	15.65
2	螺纹阀门 *DN*25	个	8.10
3	铜镀铬水龙头 *DN*20	个	10.00
4	*DN*50 地漏	个	15.00

3. 管理费和利润率按相应定额人工费和定额机械费之和为计算基数，管理费和利润费率分别为26%、14%，合计40%计取。

4. 措施项目中的安全文明施工费，费率按52%计取；不考虑高层建筑增加费和超高增加费。

5. 暂列金额按分部分项工程费的10%计取，其中工程量偏差和设计变更占60%，材料价格风险占40%。

6. 规费费率标准

规费费率标准见表6-3。

规费费率标准表　　**表 6-3**

序号	规费名称	计算基础	费率
1	社会保险费	定额人工费+措施人工费	
1.1	养老保险费	定额人工费+措施人工费	7.5%
1.2	失业保险费	定额人工费+措施人工费	1.1%
1.3	医疗保险费	定额人工费+措施人工费	4.5%
1.4	工伤保险费	定额人工费+措施人工费	1.3%
1.5	生育保险费	定额人工费+措施人工费	3.5%
2	住房公积金	定额人工费+措施人工费	5%
3	工程排污费	按工程所在地环保部门收费标准，按实计人	暂不计

7. 税金按计算基础的 3.48%计取。

计算内容：根据以上的已知条件，计算分部分项工程费、措施项目费、其他项目费、规费和税金，并填制完成下列表格中的相关数据（表 6-4～表 6-10）。

分部分项工程项目清单与计价表　　**表 6-4**

序号	项目编码	项目名称	项目特征描述	计量单位	工程数量	金额（元）			
						综合单价	合价	其　中	
								定额人工费	暂估价
1	031001001001	镀锌钢管	1. 安装部位：室内 2. 介质：冷水 3. 规格：*DN*25 4. 连接方式：螺纹连接	m	55	26.39	1451.45	281.05	
2	031003001001	螺纹阀门 *DN*25	1. 类型：球阀 2. 材质：铜质 3. 规格：*DN*25 4. 连接方式：螺纹连接	个	20	15.54	310.80	55.80	
3	031004014001	水龙头 *DN*15	1. 材质：铜质 2. 型号规格：*DN*15 水嘴 3. 连接方式：螺纹连接	个	20	11.11	222.2	13.00	
4	031004014002	*DN*50 地漏	1. 材质：钢质 2. 型号规格：*DN*50 地漏	个	20	12.08	241.60	74.40	
	合　计						2226.05	424.25	

工程量清单综合单价分析表 **表 6-5**

工程名称：×××　　　　第 1 页　共 4 页

项目编码	031001001001	项目名称	镀锌钢管					计量单位	m	工程量	55
清单综合单价组成明细											
定额编号	定额项目名称	定额单位	数量	单价				合价			
				人工费	材料费	机械费	管理费和利润	人工费	材料费	机械费	管理费和利润
8-89	镀锌钢管 *DN*25（螺纹连接）	10m	0.1	51.08	31.4	1.03	20.84	5.11	3.14	0.1	2.08
人工单价		小计						5.11	3.14	0.1	2.08
元/工日		未计价材料费						15.96			
清单项目综合单价								26.39			
材料费明细	主要材料名称、规格、型号					单位	数量	单价（元）	合价（元）	暂估单价（元）	暂估合价（元）
	镀锌钢管 *DN*25					m	1.02	15.65	15.96		
	其他材料费										
	材料费小计								15.96		

注：综合单价调整应附调整依据。

工程量综合单价分析表

续表

工程名称：　　　　　　　　　　　　　　　　　　　　　　　　第2页　共4页

项目编码	031003001001	项目名称	螺纹阀门					计量单位	个	工程量	20
清单综合单价组成明细											
定额编号	定额项目名称	定额单位	数量	单价				合价			
				人工费	材料费	机械费	管理费和利润	人工费	材料费	机械费	管理费和利润
8-243	螺纹阀门 $DN25$	个	1	2.79	3.45	—	1.12	2.79	3.45	—	1.12
人工单价		小计						2.79	3.45	—	1.12
元/工日		未计价材料费						8.18			
清单项目综合单价								15.54			
材料费明细	主要材料名称、规格、型号					单位	数量	单价（元）	合价（元）	暂估单价（元）	暂估合价（元）
	螺纹阀门 $DN25$					个	1.01	8.1	8.18		
	其他材料费										
	材料费小计								8.18		

工程量综合单价分析表

续表

工程名称：　　　　　　　　　　　　　　　　　　　　　　第 3 页　共 4 页

项目编码	031004014001	项目名称	水嘴					计量单位	个	工程量	20
清单综合单价组成明细											
定额编号	定额项目名称	定额单位	数量	单价				合价			
				人工费	材料费	机械费	管理费和利润	人工费	材料费	机械费	管理费和利润
8-439	水龙头 *DN*20	10 个	0.1	6.5	0.98	—	2.6	0.65	0.1	—	0.26
人工单价		小　计						0.65	0.1	—	0.26
元/工日		未计价材料费						10.10			
清单项目综合单价								11.11			
材料费明细	主要材料名称、规格、型号					单位	数量	单价（元）	合价（元）	暂估单价（元）	暂估合价（元）
	铜水嘴 *DN*15					个	1.01	10	10.10		
	其他材料费										
	材料费小计								10.10		

工程量综合单价分析表

续表

工程名称：　　　　　　　　　　　　　　　　　　　　　　　　　　　　第4页　共4页

项目编码	031004014002	项目名称	地漏					计量单位	个	工程量	20
清单综合单价组成明细											
定额编号	定额项目名称	定额单位	数量	单价				合价			
				人工费	材料费	机械费	管理费和利润	人工费	材料费	机械费	管理费和利润
8-447	塑料地漏 DN50	10个	0.1	37.15	18.73	—	14.86	3.72	1.87	—	1.49
人工单价		小　计						3.72	1.87	—	1.49
元/工日		未计价材料费						5.00			
清单项目综合单价								12.08			
材料费明细	主要材料名称、规格、型号					单位	数量	单价（元）	合价（元）	暂估单价（元）	暂估合价（元）
	地漏 DN50					个	1	5.00	5.00		
	其他材料费										
	材料费小计								5.00		

总价措施项目清单与计价表　　表 6-6

序号	项目编码	项目名称	计算基础	费率(%)	金额(元)	调整费率(%)	调整后金额(元)	备注
1		安全文明施工费	424.25	52	220.61			
2		夜间施工增加费	424.25					
3		二次搬运费	424.25					
4		冬雨期施工增加费	424.25					
5		已完工程及设备保护费	424.25					
6		脚手架搭拆费	424.25	5	21.21			
		合计			241.82			

其他项目计价表　　表 6-7

序号	项目名称	金额（元）	结算金额	备注
1	暂列金额	222.61		2226.05×10% 详见表 6-8
2	暂估价	—		
2.1	材料工程（设备暂估价）/结算价	—		
2.2	专业工程暂估价/结算价	—		
3	计日工	—		
4	总承包服务费	—		
5	索赔与现场签证	—		
	合　计	222.61		

暂列金额明细表　　表 6-8

序号	项目名称	计量单位	暂列金额（元）	备　注
1	工程量偏差和设计变更	—	133.57	60%
2	材料价格风险	—	89.04	40%
合　计			222.61	

规费税金项目计价表　　表 6-9

序号	工程名称	计算基础	计算基数	费率（%）	金额（元）
1	规费	定额人工费+措施人工费			98.37
1.1	社会保险费	定额人工费+措施人工费			76.89
(1)	养老保险费	定额人工费+措施人工费	429.55	7.5	32.22
(2)	失业保险费	定额人工费+措施人工费	429.55	1.1	4.73
(3)	医疗保险费	定额人工费+措施人工费	429.55	4.5	19.33
(4)	工伤保险费	定额人工费+措施人工费	429.55	1.3	5.58
(5)	生育保险费	定额人工费+措施人工费	429.55	3.5	15.03
1.2	住房公积金	定额人工费+措施人工费	429.55	5	21.48

续表

序号	工程名称	计算基础	计算基数	费率（%）	金额（元）
1.3	工程排污费	按工程所在地环境保护部门收取标准，按实计入		暂不计	
2	税金	分部分项工程费＋措施项目费＋其他项目费＋规费－按规定不计税的工程设备金额	2788.85	3.48	97.05

单位工程造价汇总表　　**表 6-10**

序号	工程名称	金额（元）	其中暂估价（元）
1	分部分项工程费	2226.05	
1.1	其中：人工费	424.25	
2	措施项目费		
2.1	总价措施项目费	241.82	
3	其他项目费	222.61	
4	规费	98.37	
5	税金	97.05	
	招标控制价	3310.15	

6.1.2　建筑给排水工程清单计价练习

1. 已知分部分项工程项目（表 6-11）

表 6-11

序号	项目名称	项目特征及主要工程内容	计量单位	工程量
1	复合管	1. 安装部位（室内、外）：室内 2. 输送介质：给水 3. 材质：ASAK 型铝合金衬塑复合管 4. 型号、规格：*DN*150 5. 连接方式：热熔承插连接 6. 管道消毒、冲洗：水冲洗	m	202.00
2	复合管	1. 安装部位（室内、外）：室内 2. 输送介质（给水、排水热媒体、燃气、雨水）：给水 3. 材质：ASAK 型铝合金衬塑复合管 4. 型号、规格：*DN*40 5. 连接方式：热熔承插连接 6. 管道消毒、冲洗：水冲洗	m	70.90
3	截止阀 *DN*40	1. 类型：截止阀 2. 材质：塑料 3. 型号、规格：*DN*40	个	3

续表

序号	项目名称	项目特征及主要工程内容	计量单位	工程量
4	水表	1. 材质：碳钢 2. 型号、规格：*DN*32 3. 连接方式：螺纹连接	组	5
5	台式洗脸盆（带感应龙头）	1. 材质：瓷质 2. 台面：大理石板制作安装	组	5
6	大便器	1. 规格类型：蹲式大便器（自闭冲洗阀） 2. 材质：瓷质 3. 组装形式：蹲式大便器	套	9

2. 已知措施项目（表 6-12）

表 6-12

序号	项目名称	计量单位	工程量
1	安全文明施工费	项	1
2	脚手架搭拆费	项	1
	……		

3. 计算条件（表 6-13，括号中、表格中数据由学生自己动手获取）

主要材料单价表 **表 6-13**

序号	材料名称	单位	消耗数量	信息单价
1	ASAK 型铝合金衬塑复合管 *DN*150	m		
2	ASAK 型铝合金衬塑复合管 *DN*40	m		
3	截止阀 *DN*40	个		
4	水表	组		
5	台式洗脸盆（带感应龙头）	组		
6	大便器	组		

4. 分部分项工程管理费和利润的计算基础参考示例，管理费费率和利润率合计按（　　）计取。

5. 暂列金额按分部分项工程费的（　　）计取。

6. 按 8 层建筑考虑高层建筑增加费，费率为（　　）。

7. 规费费率按表 6-14 计取。

规费费率表　　表6-14

序号	规费名称	计算基础	费　率
1	社会保险费		
1.1	养老保险费		
1.2	失业保险费		
1.3	医疗保险费		
1.4	工伤保险费		
1.5	生育保险费		
2	住房公积金		
3	工程排污费		

6.2　进阶2　单位工程电气安装工程造价计算

进阶2设计思路：以完整的建筑电气工程为例，给定单位工程的相关费用以及计费方法。在前有实例基础上，通过增加计价的项目，增设材料暂估价的计算，改变专业措施项目计费办法、管理费、利润、安全文明施工费和规费等的计算费率，促进学生对电气工程量清单计价的掌握。

6.2.1　电气照明工程清单计价举例

1. 电气照明分部分项工程项目见表6-15。

电气照明分部分项工程项目表　　表6-15

序号	项目名称	项目特征描述	计量单位	工程数量
1	配电箱	1. 名称：配电箱 2. 型号：AL-1 3. 规格：500×400×200 4. 安装方式：悬挂嵌入式，距地1.5m	台	1
2	单管吸顶荧光灯 （220V、35W）	1. 名称：单管荧光灯 2. 安装方式：吸顶 3. 规格：220V、35W	套	24
3	管内穿线 BLV-2.5mm^2	1. 名称：电气配线 2. 配线形式：管内照明线 3. 规格型号：BLV-2.5mm^2 4. 配线部位：沿墙沿天棚	m	55.60
…	……	……		

2. 部分单价信息

(1) 主要材料单价

主要材料单价见表6-16。

材料单价表(一) **表6-16**

序号	材料名称	单位	信息单价
1	配电箱(500×400×200)	台	700.00
2	单管荧光灯(220V、35W)	套	28.00
3	BLV-2.5mm^2	m	1.59
…			

(2) 计价材料单价

计价材料单价见表6-17。

计价材料单价表 **表6-17**

序号	材料名称	单位	信息单价
1	破布	kg	23.32
2	铁纱布1号	张	4.24
3	调和漆	kg	65.72
4	水钢板垫板	kg	14.22
5	铜接线端子DT-10m^2	个	16.64
6	裸铜线10m^2	kg	59.22
7	塑料软管	kg	35.56
8	电力复合脂一级	kg	50.00
9	自黏性橡胶带20×5	卷	9.29
10	镀锌精制带帽螺栓	10套	18.21
11	塑料绝缘线BLV-2.5mm^2	m	1.59
12	伞形螺栓M6-8×150	套	0.90
13	钢丝Φ1.6	kg	17.76
14	棉纱头	kg	12.48

续表

序号	材料名称	单位	信息单价
15	铝压接管Φ4	个	0.84
16	塑料胶布带 25×10	卷	20.00
…	……		

（3）人工调整系数为 80%。

（4）机械费调整系数为 50%。

3. 分部分项工程管理费和利润的计算基础为分项工程中定额人工费和定额机械费之和，管理费率和利润率合计按 25%计取。

4. 暂列金额按分部分项工程费的 10%计取，其中工程量偏差和设计变更占 60%，材料价格风险占 40%。

5. 本工程为 9 层建筑，层高均为 3.3m；该工程的分部分项工程费 35640.98 元，其中人工费 5401.67 元，材料费 20230.00 元，材料暂估价 2800 元。

6. 措施项目中的安全文明施工费，计费基础为定额人工费，费率按 36%计取。

7. 嵌入式配电箱（500×400×200），设备暂估 700 元/台。

8. 计日工中的人工消耗量暂定 15 个工日，其中高级技术工人为 10 个工日，单价为 60 元/工日，普通用工为 5 个，工日单价为 40 元/工日，材料中电焊条消耗量暂定为 3kg，型材为 5kg，企业管理费和利润按人工费的 25%计取。

9. 税金按计算基础的 3.48%计取。

10. 规费费率标准见表 6-18。

规费费率标准表　　**表 6-18**

序号	规费名称	计算基础	费　率
1	社会保险费	定额人工费	
1.1	养老保险费	定额人工费	9.5%
1.2	失业保险费	定额人工费	1.1%
1.3	医疗保险费	定额人工费	5.5%
1.4	工伤保险费	定额人工费	1.3%
1.5	生育保险费	定额人工费	1.5%
2	住房公积金	定额人工费	4%
3	工程排污费	按工程所在地环保部门收费标准，按实计入	暂不计

要求：计算内容：根据以上的已知条件，计算分部分项工程费、措施项目费、其他项目费、规费和税金，并填制完成相关表格中的数据（表 6-19～表 6-26）。

分部分项工程项目清单与计价表

表 6-19

序号	项目编码	项目名称	项目特征描述	计量单位	工程数量	金额（元）			
						综合单价	合价	其中	
								定额人工费	暂估价
1	030404017001	配电箱	1. 名称：配电箱 2. 型号：AL-1 3. 规格：500×400×200 4. 安装方式：悬挂嵌入式，距地1.5m	台	1	880.09	880.09	41.8	700.00
2	030412005001	单管吸顶荧光灯（220V、35W）	1. 名称：单管荧光灯 2. 安装方式：吸顶 3. 规格：220V 35W	套	24	42.73	1025.44	120.96	
3	030411004001	管内穿线 BLV-2.5mm²	1. 名称：电气配线 2. 配线形式：管内照明线 3. 规格型号：BLV-2.5mm² 4. 配线部位：沿墙沿天棚	m	55.60	2.59	144.24	23.24	
…	…	……	……						
	合计						35640.98	3000.93	2800.00

工程量清单综合单价分析表

表 6-20

工程名称：

第1页　共3页

项目编码	030404017001	项目名称	配电箱					计量单位	台	工程量	1
清单综合单价组成明细											
定额编号	定额项目名称	定额单位	数量	单价				合价			
				人工费	材料费	机械费	管理费和利润	人工费	材料费	机械费	管理费和利润
2-264	配电箱（500×400×200）	台	1	75.24	86.04	—	18.81	75.24	86.04	—	18.81
人工单价		小　计						75.24	86.04	—	18.81
元/工日		未计价材料费						700			
清单项目综合单价								880.09			
材料费明细	主要材料名称、规格、型号					单位	数量	单价（元）	合价（元）	暂估单价（元）	暂估合价（元）
	成套配电箱（500×400×200）					台	1.000			700.00	700.00
	破布					kg	0.10	23.32	2.33		
	铁纱布1号					张	0.80	4.24	3.39		
	……					……					
	自黏性橡胶带 20×5					卷	0.10	9.29	0.93		
	镀锌精制带帽螺栓					10套	0.21	18.21	3.82		
	其他材料费										
	材料费小计								86.04		700.00

工程量清单综合单价分析表

续表

工程名称：　　　　　　　　　　　　　　　　　　　　　　第 2 页　共 3 页

项目编码	030412005001	项目名称	单管荧光灯					计量单位	套	工程量	24
清单综合单价组成明细											
定额编号	定额项目名称	定额单位	数量	单价				合价			
				人工费	材料费	机械费	管理费和利润	人工费	材料费	机械费	管理费和利润
2-1594	单管吸顶荧光灯（220V、35W）	10 套	0.10	90.70	31.09	—	22.68	9.07	3.11		2.27
人工单价		小　计						9.07	3.11	—	2.27
元/工日		未计价材料费						28.28			
清单项目综合单价								42.73			
材料费明细	主要材料名称、规格、型号					单位	数量	单价（元）	合价（元）	暂估单价（元）	暂估合价（元）
	成套单管荧光灯具					套	1.01	28.00	28.28		
	塑料绝缘线 BLV-2.5mm^2					m	0.713	1.59	1.13		
	伞形螺栓 M6-8×150					套	2.040	0.90	1.84		
	其他材料费							0.14	0.14		
	材料费小计								31.39		

工程量清单综合单价分析表

续表

工程名称：　　　　　　　　　　　　　　　　　　　　　　　　　　　第3页　共3页

项目编码	030411004001	项目名称	配线					计量单位	m	工程量	55.60
清单综合单价组成明细											
定额编号	定额项目名称	定额单位	数量	单价				合价			
				人工费	材料费	机械费	管理费和利润	人工费	材料费	机械费	管理费和利润
2-1169	管内穿线BLV-2.5mm²	100m	0.01	41.796	22.74	—	10.449	0.42	0.23	—	0.10
人工单价		小计						0.42	0.23	—	0.10
元/工日		未计价材料费						1.84			
清单项目综合单价								2.59			
材料费明细	主要材料名称、规格、型号					单位	数量	单价（元）	合价（元）	暂估单价（元）	暂估合价（元）
	管内穿线 BLV-2.5mm²					m	1.16	1.59	1.84		
	钢丝 ϕ1.6					kg	0.001	17.76	0.02		
	棉纱头					kg	0.002	12.48	0.02		
	铝压接管 ϕ4					个	0.16	0.84	0.13		
	塑料胶布带 25×10					卷	0.003	20.00	0.06		
	其他材料费							0.002	0.002		
	材料费小计								2.08		

总价措施项目清单与计价表 表 6-21

序号	项目编码	项目名称	计算基础	费率（%）	金额（元）	调整费率（%）	调整后金额（元）	备注
1		安全文明施工费	3000.93	52	1560.48			
2		夜间施工增加费	3000.93	2.50	75.02			
3		二次搬运费	3000.93	1.50	45.01			
4		冬雨期施工增加费	3000.93	5	150.05			
5		已完工程及设备保护费	3000.93	—	—			
6		脚手架搭拆费	3000.93	5	150.05			
7		高层建筑增加费	3000.93	1	30.01			
		合计			2010.62			

其他项目计价表 表 6-22

序号	项目名称	金额（元）	结算金额	备注
1	暂列金额	3564.10		35640.98×10%
2	暂估价	—		
2.1	材料工程（设备暂估价）/结算价	(2800)		
2.2	专业工程暂估价/结算价	—		
3	计日工	1078		
4	总承包服务费	—		
5	索赔与现场签证	—		
	合计	4642.10		

暂列金额明细表 表 6-23

序号	项目名称	计量单位	暂列金额（元）	备注
1	工程量偏差和设计变更		2138.46	60%
2	材料价格风险		1425.64	40%
合计			3564.10	

计日工表 表 6-24

编号	项目名称	单位	暂定数量	实际数量	综合单价（元）	合价（元）	
						暂定	实际
一	人工						
1	高级技术用工	工日	10		60.00	600.00	
2	普通用工	工日	5		40.00	200.00	
人工小计						800.00	
二	材料						
1	电焊条 结 422	kg	3		20.00	60.00	
2	型材	kg	5		3.60	18.00	
材料小计						78.00	

续表

编号	项目名称	单位	暂定数量	实际数量	综合单价（元）	合价（元）	
						暂定	实际
三	施工机械						
施工机械小计						0	
四、企业管理费和利润						200.00	
总　计						1078.00	

规费税金项目计价表　　**表6-25**

序号	工程名称	计算基础	计算基数	费率（%）	金额（元）
1	规费	定额人工费			687.21
1.1	社会保险费	定额人工费			567.18
(1)	养老保险费	定额人工费	3000.93	9.5	285.09
(2)	失业保险费	定额人工费	3000.93	1.1	33.01
(3)	医疗保险费	定额人工费	3000.93	5.5	165.05
(4)	工伤保险费	定额人工费	3000.93	1.3	39.01
(5)	生育保险费	定额人工费	3000.93	1.5	45.01
1.2	住房公积金	定额人工费	3000.93	4	120.04
1.3	工程排污费	按工程所在地环境保护部门收取标准，按实计入		暂不计	
2	税金	分部分项工程费＋措施项目费＋其他项目费＋规费－按规定不计税的工程设备金额	42980.91	3.48	1495.74

单位工程造价汇总表　　**表6-26**

序号	工程名称	金额（元）	其中暂估价（元）
1	分部分项工程费	35640.98	
1.1	其中：人工费	5401.67	
2	措施项目费	2010.62	
2.1	总价措施项目费	2010.62	
3	其他项目费	4642.10	
4	规费	687.21	
5	税金	1495.74	
	招标控制价	44476.65	

6.2.2　电气照明工程清单计价练习

1. 已知分部分项工程项目（表6-27）

表 6-27

序号	项目编码	项目名称	项目特征描述	计量单位	工程数量
1	030404017001	配电箱	1. 名称：配电箱 2. 型号：AL-1 3. 规格：500×400×200 4. 安装方式：嵌入式，距地 1.5m	台	1
2	030408001001	电缆 YJV-4×10	1. 型号：电缆 YJV 2. 规格：4×10 3. 敷设方式：穿管敷设 4. 电缆头：户内热缩式终端头	m	28.52
3	030408006001	电力电缆头	1. 名称：户内热缩式终端头 2. 规格、型号：YJV-4×10 3. 材质、类型：户内干包式电缆头 4. 安装部位：配电箱内	个	4
4	030408003001	电缆保护管	1. 名称：SC 2. 规格：*DN*50 3. 材质：钢管 4. 敷设方式：埋地	m	8.80
5	030411004001	配线 WDZ-BYJ-4.0mm^2	1. 配线形式：管内穿线 2. 导线型号、材质、规格：WDZ-BYJ-4.0mm^2 3. 敷设部位或线制：插座线路	m	1818.90
6	030412001001	普通灯具	1. 名称：吸顶灯 2. 型号：220V，25W 3. 安装形式：吸顶	套	7
7	030404034001	照明开关	1. 名称：双联双控暗开关 2. 型号：250V，10A 3. 材质：ABS 4. 安装方式：距地 1.3m，嵌墙暗装	个	4
8	030404035001	插座	1. 名称：安全型单相五孔密闭暗装插座 2. 型号：250V，16A 3. 材质：ABS 4. 安装方式：距地 0.3m，嵌墙暗装	个	69
…	…	……			

2. 已知措施项目（表6-28）

表6-28

序号	项目名称	计量单位	工程量
1	安全文明施工费	项	1
	……		

3. 计算条件（表6-29，表6-30。括号中、表格中数据由学生自己动手获取）

主要材料单价表　　表6-29

序号	材料名称	单位	信息单价
1	配电箱500×400×200	台	
2	电缆YJV-4×10	m	
3	电力电缆头	个	
4	电缆保护管SC50	m	
5	配线WDZ-BYJ-4.0mm^2	m	
6	普通吸顶灯220V、25W	套	
7	双联双控暗开关	只	
8	安全型单相五孔密闭暗装插座	套	
…	……		

计价材料及燃料单价表　　表6-30

序号	材料名称	单位	信息单价
1			
2			
3			
4			
5			
6			
7			
…			

4. 分部分项工程管理费和利润的计算基础参考示例，管理费费率和利润率合计按(　　)计取。

5. 暂列金额按分部分项工程费的（　　）计取，其中工程量偏差和设计变更占60%，材料价格风险占40%。

6. 按18层建筑考虑高层建筑增加费，费率为(　　)。

7. 人工费费率调整系数为（　　）；该工程的分部分项工程费22.5万元，其中人工费3.4万元，材料费13.8万元，其中未计价材料费为11.6万元，机械费2.6万元，管理费和利润2.5万元，材料暂估价2.2万元。

8. 规费费率按表6-31的标准计取。

表6-31

序号	规费名称	计算基础	费　率
1	社会保险费		
1.1	养老保险费		
1.2	失业保险费		
1.3	医疗保险费		
1.4	工伤保险费		
1.5	生育保险费		
2	住房公积金		
3	工程排污费		

计算内容：根据以上的已知条件，计算分部分项工程费、措施项目费、其他项目费、规费和税金，并填制完成相关表格。

6.3 进阶3 综合训练

以某平房的室内安装工程为例，包括电气照明工程、给排水工程、弱电工程。通过给定的计价项目、计价方法，完成各单位工程的各项计价表格。结合前面各实例的计价知识，巩固和加深通用安装工程工程量计价的学习，锻炼学生独立完成一个单项工程的清单计价能力。

1. 清单项目

分部分项工程量清单见表6-32。

分部分项工程量清单　　表6-32

工程名称：某单层平房安装工程

序号	项目编码	项目名称	项目特征描述	计量单位	工程数量
			一、电气部分		
1	030404017001	配电箱	1. 名称：配电箱 2. 型号：AL-1 3. 规格：400×300×140 4. 安装方式：嵌入式，距地1.5m 5. 端子板外部接线材质、规格：BV-2.5、1个，BV-4、3个	台	1
2	030404034001	照明开关	1. 名称：单联跷板开关 2. 规格：250V，16A 3. 安装方式：暗装，距地1.3m	个	3
3	030404034002	照明开关	1. 名称：双联跷板开关 2. 规格：250V，16A 3. 安装方式：暗装	个	1

续表

序号	项目编码	项目名称	项目特征描述	计量单位	工程数量
4	030404035001	插座	1. 名称：单相三孔空调插座 2. 规格：250V，15A 3. 安装方式：暗装，距地 2.2m	个	2
5	030404035002	插座	1. 名称：单相二加三带安全门插座 2. 规格：250V，15A 3. 安装方式：暗装，距地 0.3m	个	3
6	030404035003	插座	1. 名称：卫生间防溅插座 2. 规格：250V，15A 3. 安装方式：暗装，距地 1.8m	个	3
7	030412002001	工厂灯	1. 名称：防水防尘灯 2. 安装方式：吸顶 3. 规格：220V，40W	套	1
8	030412001001	普通灯具	1. 名称：节能吸顶灯 2. 安装方式：吸顶 3. 规格：220V，40W，灯罩直径 300mm	套	1
9	030412001002	普通灯具	1. 名称：普通壁灯 2. 安装方式：壁装 3. 规格：220V，25W	套	1
10	030412001003	普通灯具	1. 名称：普通圆球吸顶灯 2. 安装方式：吸顶 3. 规格：220V，40W，灯罩直径 300mm	套	2
11	030411001001	配管	1. 名称：塑料管 2. 材质：塑料 3. 规格：*DN*16 4. 配置形式：暗敷	m	33.05
12	030411001002	配管	1. 名称：塑料管 2. 材质：塑料 3. 规格：*DN*20 4. 配置形式：暗敷	m	40.40
13	030411004001	配线	1. 名称：电气配线 2. 配线形式：管内照明线 3. 规格型号：BV-2.5mm^2 4. 配线部位：沿墙沿天棚	m	73.20
14	030411004002	配线	1. 名称：电气配线 2. 配线形式：管内照明线 3. 规格型号：BV-4mm^2 4. 配线部位：沿墙沿地沿天棚	m	127.50

续表

序号	项目编码	项目名称	项目特征描述	计量单位	工程数量
15	030411006001	接线盒	1. 名称：开关、插座盒 2. 材质：塑料 3. 安装形式：暗装	个	12
16	030411006002	接线盒	1. 名称：接线盒 2. 材质：塑料 3. 安装形式：暗装	个	7
			二、弱电部分		
17	030502003001	分线接线箱	1. 名称：弱电箱 2. 材质：铁质 3. 规格：300×200×100 4. 安装方式：嵌入式	个	1
18	030502004001	电视插座	1. 名称：电视插座 2. 安装方式：暗装 3. 底盒材质：塑料，86×86	个	2
19	030502004002	电话插座	1. 名称：电话插座 2. 安装方式：暗装 3. 底盒材质：塑料	个	2
20	030502012001	信息插座	1. 名称：信息插座 2. 安装方式：暗装 3. 底盒材质：塑料	个	2
21	030411001001	配管	1. 名称：弱电配管 2. 材质：塑料 3. 规格：*DN*16 4. 配置形式：暗敷	m	12.70
22	030502005001	双绞线缆	1. 名称：电话线 2. 规格：超五类 3. 线缆对数：四对双绞线 4. 敷设方式：管内暗敷	m	12.70
23	030502005002	双绞线缆	1. 名称：网络线（RVS） 2. 规格：2×0.5 3. 设方式：管内暗敷	m	12.70
24	030505005001	射频同轴电缆	1. 名称：射频同轴电视线（SYKV） 2. 规格：75-9 3. 设方式：管内暗敷	m	12.70
25	030505006001	同轴电缆接头	规格：75-9	个	4

续表

序号	项目编码	项目名称	项目特征描述	计量单位	工程数量
三、给排水工程部分					
26	031001006001	塑料管	1. 安装部位：室内 2. 介质：冷水 3. 规格：PPR *DN*25 4. 连接方式：热熔	m	2.85
27	031001006002	塑料管	1. 安装部位：室内 2. 介质：冷水 3. 规格：PPR *DN*20 4. 连接方式：热熔	m	4.90
28	031001006003	塑料管	1. 安装部位：室内 2. 介质：冷水 3. 规格：PPR *DN*15 4. 连接方式：热熔	m	3.51
29	031001006004	塑料管	1. 安装部位：室内 2. 介质：冷水 3. 规格：UPVC *DN*100 4. 连接方式：承插	m	5.55
30	031001006005	塑料管	1. 安装部位：室内 2. 介质：冷水 3. 规格：UPVC *DN*50 4. 连接方式：承插	m	3.80
31	031003001001	螺纹阀门	1. 类型：球阀 2. 材质：铜质 3. 规格：*DN*25 4. 连接方式：螺纹连接	个	1
32	031004001002	螺纹阀门	1. 类型：球阀 2. 材质：铜质 3. 规格：*DN*20 4. 连接方式：螺纹连接	个	1
33	031004014001	水嘴	1. 材质：铜质 2. 型号规格：*DN*15 水嘴 3. 连接方式：螺纹连接	个	1
34	031004014002	地漏	1. 材质：钢质 2. 型号规格：*DN*50 地漏	个	2
35	031004006001	大便器	1. 材质：陶瓷 2. 组装方式：低水箱坐式 3. 附件名称及数量：自闭式冲洗阀1个	组	1

续表

序号	项目编码	项目名称	项目特征描述	计量单位	工程数量
36	031004003001	洗脸盆	1. 材质：陶瓷 2. 规格、类型：冷热水混合水龙头 3. 组装方式：台式 4. 附件名称及数量：螺纹阀门2个	组	1

2. 已知主要材料/燃料单价价格（表 6-33）

表 6-33

序号	材料名称	单位	信息单价
1	配电箱（400×300×140）	台	800.00
2	单管荧光灯（220V，35W）	套	28.00
3	单联翘板式开关（250V，16A）	只	4.89
…			

3. 分部分项工程管理费和利润的计算基础为定额人工费，管理费费率和利润率合计按（　　）计取。

4. 暂列金额按分部分项工程费的（　　）计取，其中工程量偏差和设计变更占（　　），材料价格风险占（　　）。

5. （　　）层建筑，（　　）考虑高层建筑增加费。配电箱设备暂估（　　）；其他材料暂估情况为（　　）。材料暂估价共计 3.2 万元，专业工程暂估价共计（　　）万元，总承包服务费按分包的专业工程价值的（　　）计取。

6. 规费费率标准见表 6-34。

规费费率标准表 **表 6-34**

序号	规费名称	计算基础	费率
1	社会保险费		
1.1	养老保险费		
1.2	失业保险费		
1.3	医疗保险费		
1.4	工伤保险费		
1.5	生育保险费		
2	住房公积金		
3	工程排污费		

7. 计日工中的人工消耗量（　　）个工日，其中管道工为（　　）个，电焊工为（　　）个工日，其他用工为（　　）个，工日单价为（　　）元/工日，材料中电焊条消耗量为（　）kg，氧气为（　　）m^3，乙炔为（　　）kg。直流电焊机为（　　）台班，载重汽车为（　　）台班。

8. 税金按计算基础的（　　）计取。

计算内容：根据以上的已知条件，计算分部分项工程费、措施项目费、其他项目费、规费和税金，并填制完成相关表格中的数据。

（1）定额计价表格（表 6-35～表 6-51）

分部分项工程费及材料/燃料分析表（土建）

表 6-35

工程名称：

序号	定额编号	项目名称	单位	工程量	基价	合价	定额人工费		定额材料费		定额机械费		管理费、利润		主要材料用量				
							单价	小计	单价	小计	单价	小计	费率	小计					
		合计																	

表 6-36

分部分项工程费及材料/燃料分析表（安装）

工程名称：

序号	定额编号	项目名称	单位	工程量	基价	合价	定额人工费		定额材料费		定额机械费		管理费、利润		未计价材料费				
							单价	小计	单价	小计	单价	小计	费率	小计	材料名称	单位	单价	数量	合价
		合计																	

分部分项材料价差调整表　　表 6-37

序号	材料名称及规格	单位	数量	基价（元）	调整价（元）	单价差（元）	复价差（元）	备注
			1	2	3	4=3－2	5=1×4	调整价来源
	合计							

分部分项机械费燃料价差调整表　　表 6-38

序号	材料名称及规格	单位	数量	基价（元）	调整价（元）	单价差（元）	复价差（元）	备注
			1	2	3	4=3－2	5=1×4	调整价来源
	合计							

分部分项工程计价表　　表 6-39

序号	项　目	计算式	金额（元）
1	定额人工费		
2	定额材料费		
3	定额机械费		
4	管理费、利润		
5	人工费价差调整		
6	材料费价差调整		
7	机械燃油价差调整		
	合计		

总价措施项目计价表　　表 6-40

序号	项目名称	计算基础	费率	金额（元）
1	安全文明施工费			
2	夜间施工增加费			
3	二次搬运费			
4	冬雨期施工增加费			
5	已完工程及设备保护费			
	合计			

单价措施项目工程费及材料/燃料分析表

表 6-41

序号	定额编号	项目名称	单位	工程量	基价	合价	定额人工费		定额材料费		定额机械费		管理费、利润		主要材料用量				
							单价	小计	单价	小计	单价	小计	费率	小计					
		合计																	

措施项目材料价差调整表　　表 6-42

序号	材料名称及规格	单位	数量	基价（元）	调整价（元）	单价差（元）	复价差（元）	备注
			1	2	3	4＝3－2	5＝1×4	调整价来源
	合计							

措施项目机械费燃料价差调整表　　表 6-43

序号	材料名称及规格	单位	数量	基价（元）	调整价（元）	单价差（元）	复价差（元）	备注
			1	2	3	4＝3－2	5＝1×4	调整价来源
	合计							

单价措施项目计价表　　表 6-44

序号	项目	计算式	金额（元）
1	定额人工费		
2	定额材料费		
3	定额机械费		
4	管理费、利润		
5	人工费价差调整		
6	材料费价差调整		
7	机械燃油价差调整		
	合计		

其他项目计价表　　表 6-45

序号	项目名称	金额（元）	结算金额	备注
1	暂列金额			
2	暂估价			
2.1	材料工程（设备暂估价）/结算价	—		
2.2	专业工程暂估价/结算价			
3	计日工			
4	总承包服务费			
5	索赔与现场签证			
	合计			

暂列金额明细表 表 6-46

序号	项目名称	计量单位	暂列金额（元）	备注
1	工程量偏差和设计变更			
2	材料价格风险			
合计				

专业工程暂估价表 表 6-47

序号	工程名称	工程内容	暂估金额（元）	结算金额（元）	差额（元）	备注
1						
2						
3						
4						
合计						

总承包服务费计价表 表 6-48

序号	工程名称	项目价值（元）	服务内容	计算基础	费率（%）	金额（元）
1	发包人发包专业工程					
2	发包人提供材料					
3	发包人提供设备					

规费税金项目计价表 表 6-49

序号	工程名称	计算基础	计算基数	费率（%）	金额（元）
1	规费				
1.1	社会保险费				
(1)	养老保险费				
(2)	失业保险费				
(3)	医疗保险费				
(4)	工伤保险费				
(5)	生育保险费				
1.2	住房公积金				
1.3	工程排污费				
2	税金				

单位工程造价汇总表　　　　**表 6-50**

序号	工程名称	金额（元）	其中暂估价（元）
1	分部分项工程费		
1.1	人工费		
1.2	材料费		
1.3	机械费		
1.4	管理费、利润		
2	措施项目费		
2.1	总价措施项目费		
2.2	单价措施项目费		
3	其他项目费		
4	规费		
5	税金		
	预算价格		

材料/燃料分析表　　　　**表 6-51**

项目名称：　　　　　　　　　　　　工程量：

序号	材料	单位	定额消耗量	本工程消耗量	材料单价（元）	材料费单价（元）	材料费小计（元）

(2) 清单计价表格（表 6-52～表 6-66）

单项工程招标控制价/投标报价汇总表

表 6-52

工程名称：　　　　标段：　　　　第　页共　页

序号	单位工程名称	金额（元）	其中		
			暂估价（元）	安全文明施工费（元）	规费（元）
合　计					

注：本表适用于单项工程招标控制价或投标报价的汇总。暂估价包括分部分项工程中的暂估价和专业工程暂估价。

单位工程招标控制价/投标报价汇总表 表 6-53

工程名称： 标段： 第 页 共 页

序号	汇总内容	金额（元）	其中：暂估价（元）
1	分部分项工程		
1.1			
1.2			
1.3			
1.4			
1.5			
2	措施项目		
2.1	其中：安全文明施工费		
3	其他项目		
3.1	其中：暂列金额		
3.2	其中：专业工程暂估价		
3.3	其中：计日工		
3.4	其中：总承包服务费		
4	规费		
5	税金		
招标控制价/投标报价合计＝1＋2＋3＋4＋5			

表 6-54

分部分项工程和单价措施项目清单与计价表

工程名称：　　　　　　　　　　标段：　　　　　　　　　　第　　页 共　　页

序号	项目编码	项目名称	项目特征描述	计量单位	工程量	金额（元）			
						综合单价	合价	其中	
								暂估价	定额人工费
本页小计									
合计									

工程量清单综合单价分析表　　　　　　　　　　　　表 6-55

工程名称：　　　　　　　　标段：　　　　　　　　第　　页　共　　页

<table>
<tr><td colspan="2">项目编码</td><td colspan="2"></td><td colspan="2">项目名称</td><td colspan="2"></td><td colspan="2">计量单位</td><td colspan="2"></td><td>工程量</td><td></td></tr>
<tr><td colspan="14">清单综合单价组成明细</td></tr>
<tr><td rowspan="2">定额编号</td><td rowspan="2">定额项目名称</td><td rowspan="2">定额单位</td><td rowspan="2">数量</td><td colspan="5">单价（元）</td><td colspan="5">合价（元）</td></tr>
<tr><td>定额
人工费</td><td>人工费</td><td>材料费</td><td>机械费</td><td>管理费
和利润</td><td>定额
人工费</td><td>人工费</td><td>材料费</td><td>机械费</td><td>管理费
和利润</td></tr>
<tr><td></td><td></td><td></td><td></td><td></td><td></td><td></td><td></td><td></td><td></td><td></td><td></td><td></td><td></td></tr>
<tr><td></td><td></td><td></td><td></td><td></td><td></td><td></td><td></td><td></td><td></td><td></td><td></td><td></td><td></td></tr>
<tr><td></td><td></td><td></td><td></td><td></td><td></td><td></td><td></td><td></td><td></td><td></td><td></td><td></td><td></td></tr>
<tr><td colspan="9">小　计</td><td></td><td></td><td></td><td></td><td></td></tr>
<tr><td colspan="10">未计价材料（设备）费（元）</td><td colspan="4"></td></tr>
<tr><td colspan="10">清单项目综合单价（元）</td><td colspan="4"></td></tr>
<tr><td colspan="2" rowspan="9">材料（设备）
费明细</td><td colspan="3">主要材料名称、规格、型号</td><td>单位</td><td>数量</td><td colspan="2">单价（元）</td><td colspan="2">合价（元）</td><td colspan="2">暂估单价（元）</td><td>暂估合价（元）</td></tr>
<tr><td colspan="3"></td><td></td><td></td><td colspan="2"></td><td colspan="2"></td><td colspan="2"></td><td></td></tr>
<tr><td colspan="3"></td><td></td><td></td><td colspan="2"></td><td colspan="2"></td><td colspan="2"></td><td></td></tr>
<tr><td colspan="3"></td><td></td><td></td><td colspan="2"></td><td colspan="2"></td><td colspan="2"></td><td></td></tr>
<tr><td colspan="3"></td><td></td><td></td><td colspan="2"></td><td colspan="2"></td><td colspan="2"></td><td></td></tr>
<tr><td colspan="3"></td><td></td><td></td><td colspan="2"></td><td colspan="2"></td><td colspan="2"></td><td></td></tr>
<tr><td colspan="3"></td><td></td><td></td><td colspan="2"></td><td colspan="2"></td><td colspan="2"></td><td></td></tr>
<tr><td colspan="5">其他材料费</td><td colspan="2">—</td><td colspan="2"></td><td colspan="2">—</td><td></td></tr>
<tr><td colspan="5">材料费小计</td><td colspan="2">—</td><td colspan="2"></td><td colspan="2">—</td><td></td></tr>
</table>

总价措施项目清单与计价表

表 6-56

工程名称： 标段： 第 页 共 页

序号	项目编码	项目名称	计算基础	费率（%）	金额（元）	调整费率（%）	调整后金额（元）	备注
合　计								

其他项目清单与计价汇总表

表 6-57

工程名称：　　　　　　　　　　　标段：　　　　　　　　　　　第　页　共　页

序号	项目名称	金额（元）	结算金额（元）	备注
1	暂列金额			
2	暂估价			
2.1	材料（工程设备）暂估价/结算价	—		
2.2	专业工程暂估价/结算价			
3	计日工			
4	总承包服务费			
合　计				

注：材料（工程设备）暂估价计入清单项目综合单价，此处不汇总。

表 6-58

暂列金额明细表

工程名称：　　　　　标段：　　　　　第　页 共　页

序号	项目名称	计量单位	暂列金额（元）	备注
1				
2				
3				
4				
5				
6				
7				
8				
合　计				

注：此表由招标人填写，如不能详列，也可只列暂定金额总额，投标人应将上述暂列金额计入投标报价总表中。

材料（工程设备）暂估单价及调整表

表 6-59

工程名称：　　　　　　标段：　　　　　　第　页共　页

序号	材料（工程设备）名称、规格、型号	计量单位	数量		暂估（元）		确认（元）		差额±（元）		备注
			暂估	确认	单价	合价	单价	合价	单价	合价	
合　计											

注：此表由招标人填写“暂估单价”，并在备注栏说明暂估价的材料、工程设备拟用在哪些清单项目上，投标人应将上述材料、工程设备暂估单价计入工程量清单综合单价报价中。

专业工程暂估价及结算价表

表 6-60

工程名称：　　　　　　　　　　　　标段：　　　　　　　　　　　　第　　页 共　　页

序号	工程名称	工程内容	暂估金额（元）	结算金额（元）	差额±（元）	备注
合　计						

注：此表“暂估金额”由招标人填写，投标人应将“暂估金额”计入投标总价中。结算时按合同约定结算金额填写。

计　日　工　表

表 6-61

工程名称：　　　　　　标段：　　　　　　第　　页　共　　页

编号	项目名称	单位	暂定数量	实际数量	综合单价（元）	合价（元）	
						暂定	实际
一	人　　工						
1							
2							
人　工　小　计							
二	材　　料						
材　料　小　计							
三	施工机械						
施　工　机　械　小　计							
四、企业管理费和利润							
总　　计							

注：此表项目名称、暂定数量由招标人填写，编制招标控制价时，单价由招标人按有关计价规定确定；投标时，单价由投标人自主报价，按暂定数量计算合价计入投标总价中。结算时，按发承包双方确认的实际数量计算合价。

总承包服务费计价表

表 6-62

工程名称：　　　　　　　　　　　　标段：　　　　　　　　　　　　第　　页　共　　页

序号	项目名称	项目价值（元）	服务内容	计算基础	费率（%）	金额（元）
1	发包人发包专业工程					
2	发包人提供材料					
	合计	—	—		—	

注：此表项目名称、服务内容由招标人填写，编制招标控制价时，费率及金额由招标人按有关计价规定确定；投标时，费率及金额由投标人自主报价，计入投标总价中。

规费、税金项目计价表

表 6-63

工程名称：　　　　标段：　　　　第　页 共　页

序号	项目名称	计算基础	计算基数	计算费率（%）	金额（元）
1	规费				
1.1	社会保险费				
(1)	养老保险费				
(2)	失业保险费				
(3)	医疗保险费				
(4)	工伤保险费				
(5)	生育保险费				
1.2	住房公积金				
1.3	工程排污费				
2	税金				
合计					

表 6-64

发包人提供材料和工程设备一览表

工程名称：　　　　　　　　　标段：　　　　　　　　　第　页 共　页

序号	材料（工程设备）名称、规格、型号	单位	数量	单价（元）	交货方式	送达地点	备注

注：此表由招标人填写，供投标人在投标报价、确定总承包服务费时参考。

承包人提供主要材料和工程设备一览表

表 6-65

（适用于造价信息差额调整法）

工程名称： 标段： 第 页 共 页

序号	名称、规格、型号	单位	数量	风险系数（%）	基准单价（元）	投标单价（元）	发承包人确认单价（元）	备注

注：1. 此表由招标人填写除“投标单价”栏的内容，投标人在投标时自主确定投标单价。

2. 招标人应优先采用工程造价管理机构发布的单价作为基准单价，未发布的，通过市场调查确定其基准单价。

承包人提供主要材料和工程设备一览表

（适用于价格指数差额调整法）

表 6-66

工程名称： 标段： 第 页 共 页

序号	名称、规格、型号	变值权重 B	基本价格指数 F_0	现行价格指数 F_t	备注
	定值权重 A		—	—	
合　　计		1	—	—	

第2篇 软件计算建筑安装工程造价

7 软 件 概 述

7.1 专 业 配 合

工程计价软件，不同于工程量计算软件，计价软件主要用于对单位工程进行人工、材料和施工机械使用的消耗量进行分析，结合人工、材料、施工机械使用的单价，分析计算出项目的工程造价。软件包含房屋建筑与装饰、仿古建筑、通用安装、市政、园林、矿山、构筑物、城市轨道交通、爆破等全部专业。可用于编制相关专业的工程量清单、招标标底、投标报价，工程概、预、结算，审核和分析工程造价。在施工现场，利用该软件，可按照施工进度应完成项目的工程量进行人、材、机消耗量分析，以便正确地指导施工。

7.2 软件符合的专业算量要求

使用计价软件进行人工、材料、施工机械使用的消耗量分析和造价计算，软件自身对专业没有什么要求，主要是使用者提交的工程量应准确，换算内容清晰明了，并充分掌握工程项目的类型、施工现场情况、相关的价格信息等一手资料，同时也应对所定工程合同条款有充分的了解。

7.3 软 件 特 点

斯维尔清单计价 THS-BQ2013 版软件是一个完备的计价平台，完全支持国标清单计价规范，包含国家标准工程量清单，同时能挂接全国各地区、各专业定额库，参与工程量清单定价。主要应用于建设工程发包方、承包方、咨询方、监理方等单位用于编制工程预、决算以及招投标报价。

1. 涵盖 30 多个省市定额，全国通用

在全国统一平台的基础上提供二次开发功能，既保证软件的通用性又能满足不同地区、不同专业计价乃至不同项目的招投标报价的特殊需求；涵盖 30 多个省市的定额，支持全国各地市、各专业定额，学会一个软件，会做全国计价。

2. 计价方法全面，操作方式多样

同时支持清单计价、定额计价、综合计价等多种计价方法，实现不同计价方法的快速转换。

支持多文档、多窗体、多页面操作，能同时操作多个项目文件，不同项目文件之间可通过拖拽或“块操作”的方式实现项目数据的交换。

3. 数据录入，简单快捷

为提高软件操作效率，系统提供多种数据录入方式，可快速录入或联想录入关联定额；同时也可以通过查询等操作，从清单库、定额库、清单作法库、工料机库录入数据。

计价过程中的所有操作都可以撤销和恢复，且操作步骤不受限制。

4. 组价复用高效，调价轻松快速

提供复制清单组价功能，同一工程内或不同工程之间实现相同清单组价内容、项目特征描述的快速复制，避免重复操作。

系统提供清单做法库，可在造价编制过程中将清单组价经验数据保存到清单做法库，供日后计价活动中快速调用。

提供单位工程、建设项目快速调价，可一次性快速调整总价或按比例调整工程造价。

5. 项目自检、自动备份，编制更安全

系统提供清单编码唯一性检查、招投标工程量清单一致性检查、清单组价差异性检查，快速实现数据验证和错误修改，保障项目招投标快速、准确。

为保证数据的安全性，系统具有自动备份机制，当系统意外退出后，可通过恢复备份数据功能，恢复之前编制中的工程文件。

8 常 用 操 作 方 法

8.1 流　　程

运用清单计价软件完成一个建设项目的计价工作，基本上遵循以下工作流程（图 8-1）：

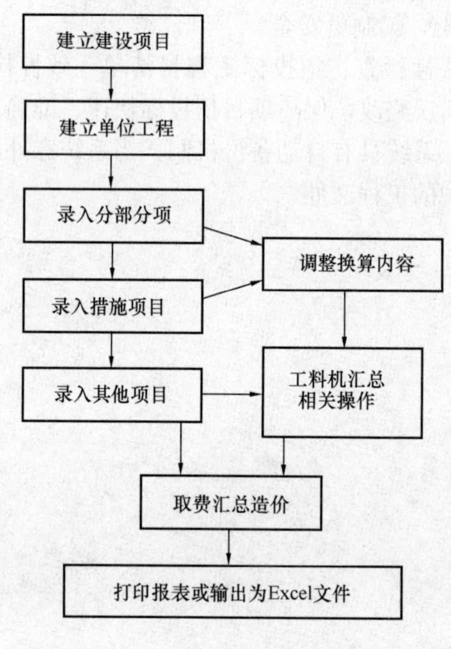

图 8-1　清单计价工作流程图

8.2 工　程　设　置

1. 建立建设项目

清单计价软件可以将一个建设项目的所有单项工程、单位工程汇总在一个工程文件中，图 8-2 是汇总的一个建设项目的实例界面。

2. 新建单位工程

在“新建向导”界面，点击【新建单位工程】按钮，弹出图 8-3 所示的“新建预算书”对话框，对该对话框进行填写和选择。

3. 工程信息

打开单位工程计价文件，切换至“工程信息”页面进行填写，如图 8-4 所示。

以上“建立建设项目”、“新建单位工程”、“工程信息”三个内容的创建操作，读者可

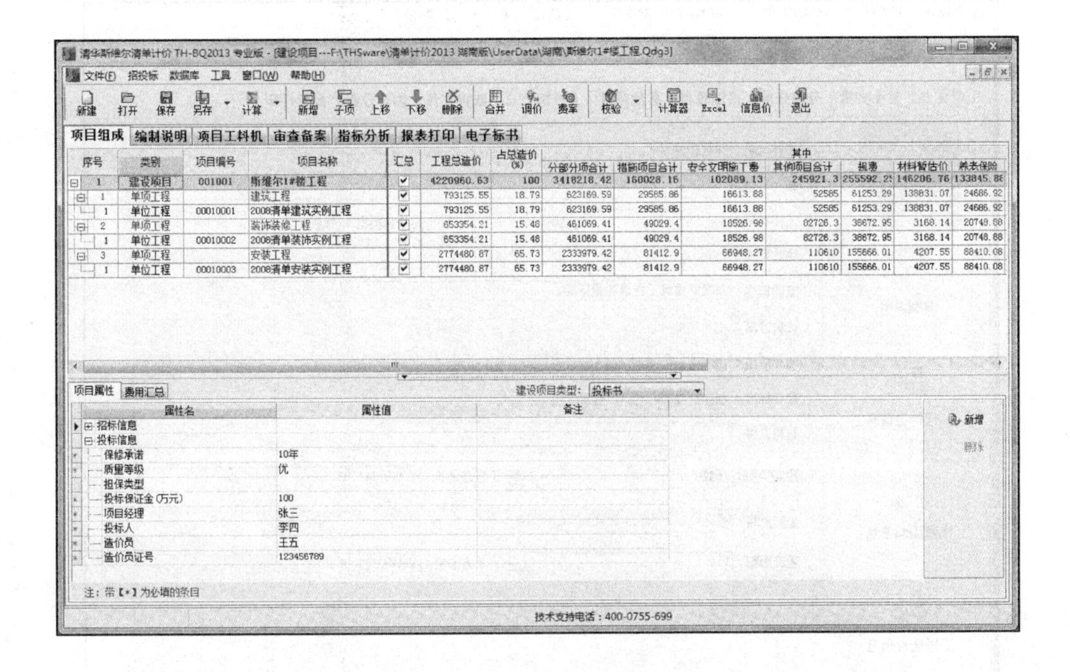

图 8-2 建立建设项目

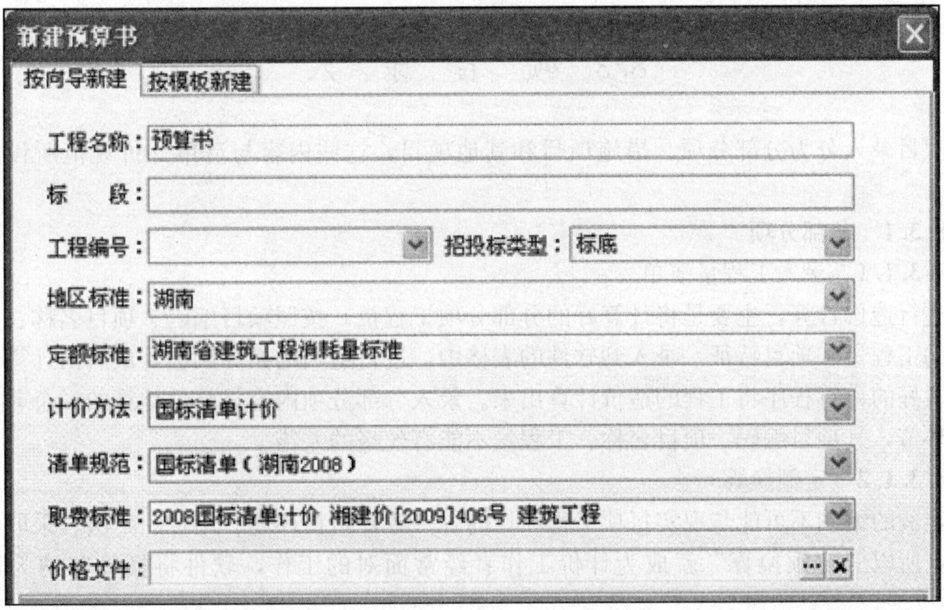

新建预算书

按向导新建 按模板新建

工程名称：预算书

标 段：

工程编号： 招投标类型：标底

地区标准：湖南

定额标准：湖南省建筑工程消耗量标准

计价方法：国标清单计价

清单规范：国标清单（湖南2008）

取费标准：2008国标清单计价 湘建价[2009]406号 建筑工程

价格文件：

图 8-3 新建预算书

通过扫描本书封面的二维码观看部分软件操作视频，相关 CAD 图纸和软件操作说明可登录本教材版权页的对应链接下载。

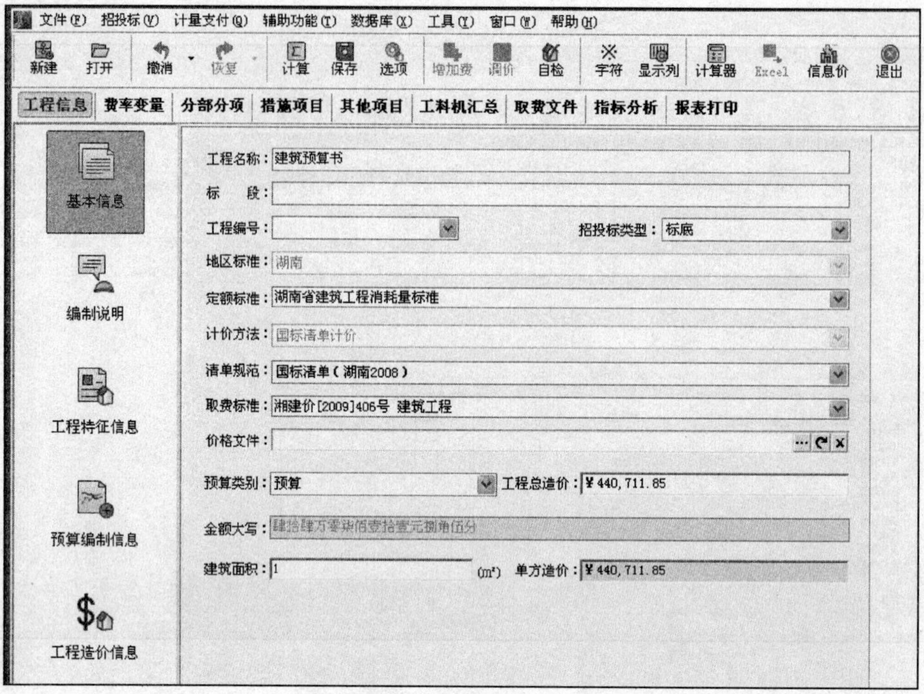

图8-4　工程信息

8.3　项　目　录　入

项目录入分为分部分项、措施项目和其他项目，这些内容与清单计价规范所设内容一致。

8.3.1　分部分项

8.3.1.1　录入工程量清单

进行造价计算，主要是将计算好的分部分项工程量，按照项目编码、项目名称、规定单位的工程量和项目特征，录入到软件的表格中，进行适当的换算调整，最后由计算机根据设置好的计算程序将工程的造价计算出来。录入分部分项内容是软件计算的一个非常重要的环节，其项目编码、项目名称、工程量不能有丝毫的差错。

8.3.1.2　定额换算

定额的编制不可能与现实每项工程项目内容一致，包括环境、用材、工法、采取的措施等，所以“定额换算”就成为计价工作者经常面对的工作，软件将换算归纳为以下五类：

（1）系数换算

用于对定额规定要调整工、料、机系数的子目，如人工桩间挖土条目，就有人工工日应调整系数的规定，系数换算可以人为指定。

（2）组合换算

用于有相互关系的定额条目换算，在软件中称之为“组合换算”，如支模高度定额取定是3.6m，后面还有超过3.6m每增加1m的子项定额，如果支模高度实际为4.8m，就将两条定额组合，称之为“组合换算”。

(3) 智能换算

与系数换算相似，但这里的换算是软件自动的，只要操作者在条件框内勾选了相关内容，软件将自动调整换算内容。

(4) 主材换算

主材换算通常出现在安装工程中，建筑工程中主要针对混凝土和砂浆，表示操作者应该在条目中指定使用的主材名称、规格、型号等内容，以便计价。

(5) 混凝土、砂浆换算

定额子目中的混凝土、砂浆材料规格品种都是固定的，而实际工程中千变万化，这时就需要将实际工程中的混凝土、砂浆材料规格品种与定额的交换，即混凝土、砂浆换算。

以上五种换算，读者可通过扫描本书封面的二维码观看部分软件操作视频，相关CAD图纸和软件操作说明可登录本教材版权页的对应链接下载。

8.3.2 措施项目

措施项目分“单价措施”和“总价措施”。单价措施是指用定额子目进行计价的内容，如模板、脚手架等。总价措施是不能用单条定额计价的内容，如冬雨期施工措施等。单价措施可以分解为每小项，总价措施只能按一笔费用计算。

8.3.3 其他项目

软件中对于其他项目的计算，都是按照国标清单计价规范设置的，可以是直接填一笔费用，也可以是列出相应的明细内容。

读者可通过扫描本书封面的二维码观看部分软件操作视频，相关CAD图纸和软件操作说明可登录本教材版权页的对应链接下载。

8.4 工料机汇总

通过子目录入，换算调整等操作，进行计算后就可以在输出界面中看到我们需要的结果了。汇总及报表输出有下列内容：

工料机汇总、主要材料、三材汇总、甲方指定评审材料、甲方指定暂估价材料，每个单项下面又有各自的内容。

8.5 取费文件

本页面内容是将所有根据取费率计算的内容放在一起，方便用户分类查看。取费文件是根据造价管理部门发布的费用定额书编制的，一般情况下不需修改。

8.6 报表打印

报表打印界面，如图8-5所示，提供报表设计、打印以及封面编辑、打印功能。

读者可通过扫描本书封面的二维码观看部分软件操作视频，相关CAD图纸和软件操作说明可登录本教材版权页的对应链接下载。

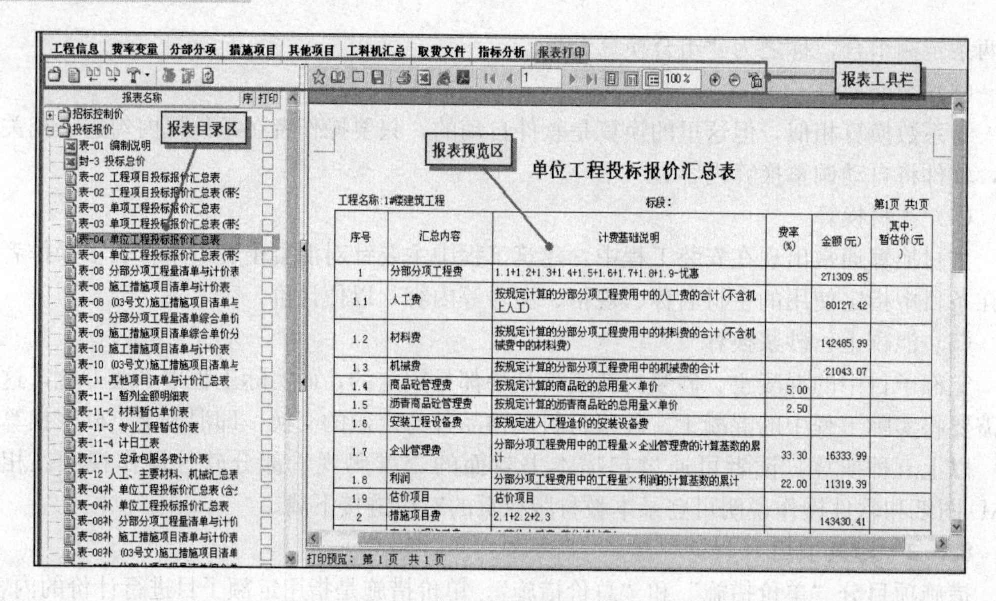

图 8-5　报表打印

9 案　　例

下面介绍用工程量清单计价软件做的案例，该案例采用国标清单计价，套用国标清单计价规范 2013，定额使用《河北省消耗量定额》（河北省建设工程计价依据，2012）。

9.1 实例工程概况

本案例是某学院的门房工程，建筑面积有 24.42m²，为框架结构。共计两层，屋顶为平屋面，屋面上有一轻钢玻璃遮盖。首层的地坪与室外地坪高差 100mm。

该门房由建筑施工图与结构施工图两份图纸组成，其中建筑施工图 4 张，结构施工图 3 张，见本教材附图。在创建工程模型时，可以用手工建模的方式逐步建立各个构件，也可以利用智能识别功能，对施工图中可以识别的构件进行识别建模。

为了获得更好的教学效果，在讲解过程中，对于图纸中没有但在实际工程中经常会遇到的问题，教程中会作为“其他场景”来讲解。超出本教程范围的一些内容，可参考其他帮助文档，例如常见问题解答等，或者是登录 www.thsware.com 网址上的“技术论坛”寻求帮助。

9.2 案例工程分析

实例工程共由 3 个层面组成，分别是基础、首层、二层。案例工程各楼层包含的构件见表 9-1。

表 9-1

楼层＼构件类型	基础	主体结构	装饰	其他
基础层	独立基础、条形基础、筏板			
首层		柱、梁、砌体墙、板、门窗、过梁	外墙面、内墙面、独立柱装饰、地面、天棚	散水、脚手架、台阶
二层		柱、梁、板、砌体墙	外墙面、屋面、装饰钢架玻璃遮棚、预埋件、独立梁面抹灰	楼梯、脚手架

案例工程除基础层有基础外还有部分墙体，注意±0.000 下的墙体要按基础定义材料和套用定额。

布置其他零星构件，主要是场地平整预埋铁件等不属于房屋的主要构件。

9.3　新 建 工 程 项 目

9.3.1　新建工程

在“新建向导”界面，点击【新建单位工程】按钮，弹出“新建预算书”对话框，如图 9-1 所示。工程名称录入“2013 清单建筑教材案例工程”，由于全国统一建筑工程基础定额没有相关费用，这里使用《河北省消耗量定额》（河北省建设工程计价依据，2012）定额。选择好定额标准、计价方法、取费标准、费率选项等内容，点击【确定】即可根据以上设置内容，创建一个新的单位工程计价文件。

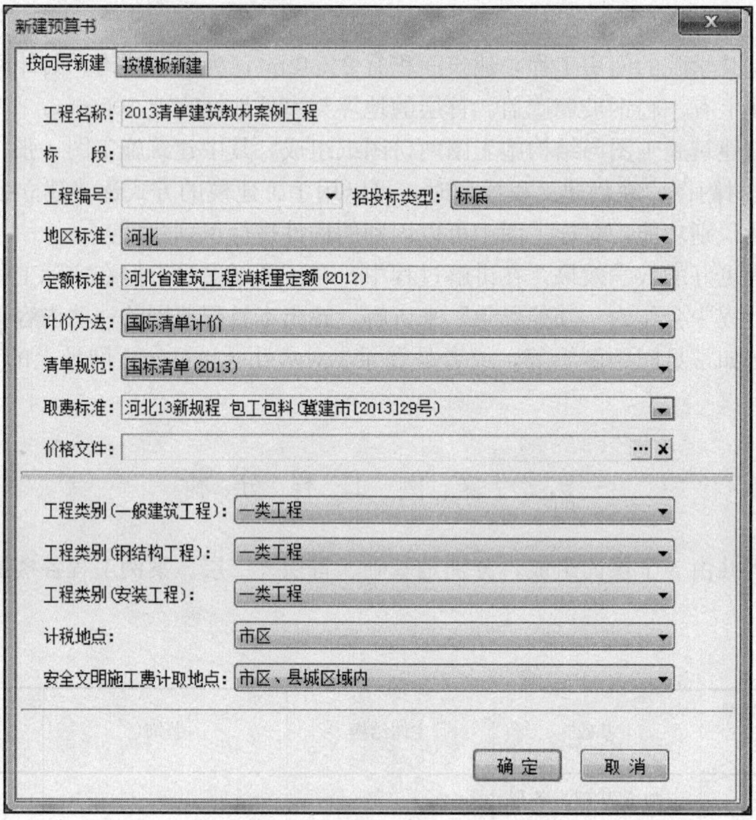

图 9-1　新建预算书

9.3.2　导入算量文件

在“新建向导”界面，点击【导入算量文件】按钮，弹出下图“导入三维算量/安装算量文件”对话框。点开算量工程右边的“…”按钮打开“2013 清单建筑教材案例工程.jgk”文件，软件自动显示工程名称、定额标准、计价方法、清单规范、取费标准、价格文件等内容，可对这些内容进行手动修改。点击【确定】后，完成“2013 清单建筑教材案例工程”算量文件的导入，如图 9-2 所示。

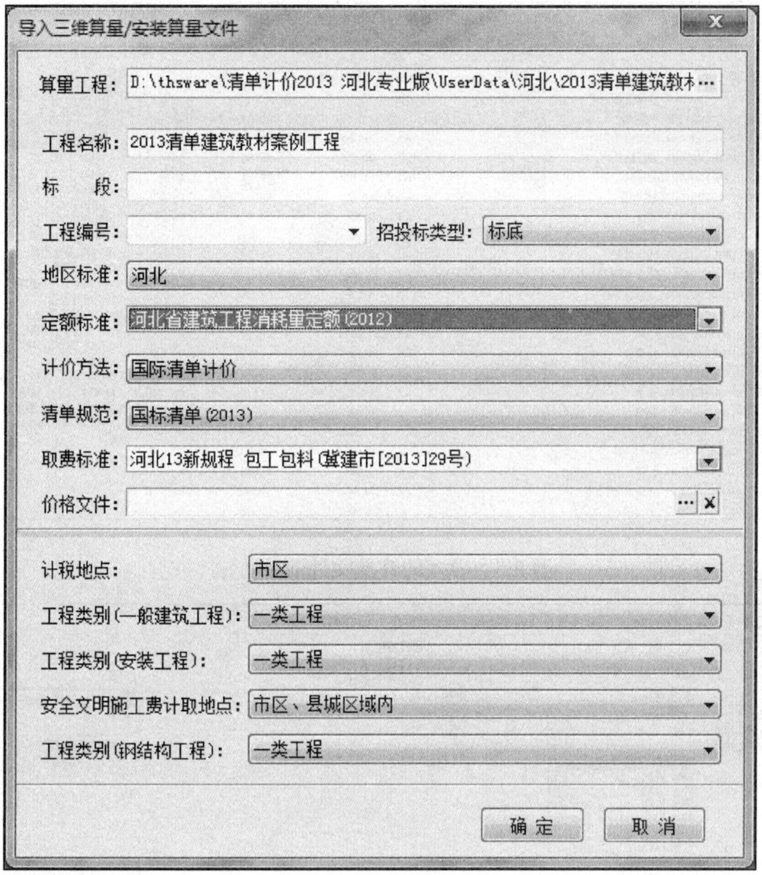

图 9-2　导入算量文件

9.4　分　部　分　项

9.4.1　项目手工录入

（1）清单录入

导入的算量文件“2013 清单建筑教材案例工程”已带有清单做法和清单工程量，如图 9-3 所示。

若需新增清单，在右侧清单查询窗口，展开章节选择清单子目，双击鼠标左键或拖拽清单子目到预算编制区，在清单的“工程量表达式”列中录入工程量。

切换下方窗口至项目特征，首先点开特征描述下拉选项根据实际情况选择；若无所需选项，则手动录入项目特征，如图 9-4 所示。

（2）定额录入

可使用以下几种操作方式，在计价文件中录入定额子目。

1）点开清单编号“010101001001”右侧倒三角按钮，弹出清单指引窗口如图 9-5 所示，根据清单项目特征，在工程内容指引中勾选定额“A1-228”，点击【确定】完成定额挂接。

图 9-3　导入的算量文件清单数据

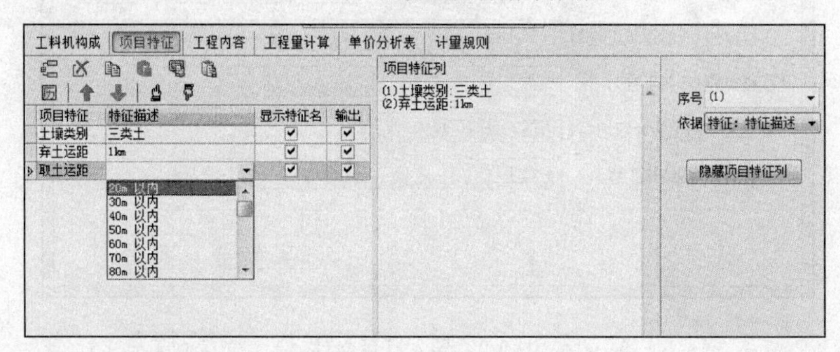

图 9-4　项目特征

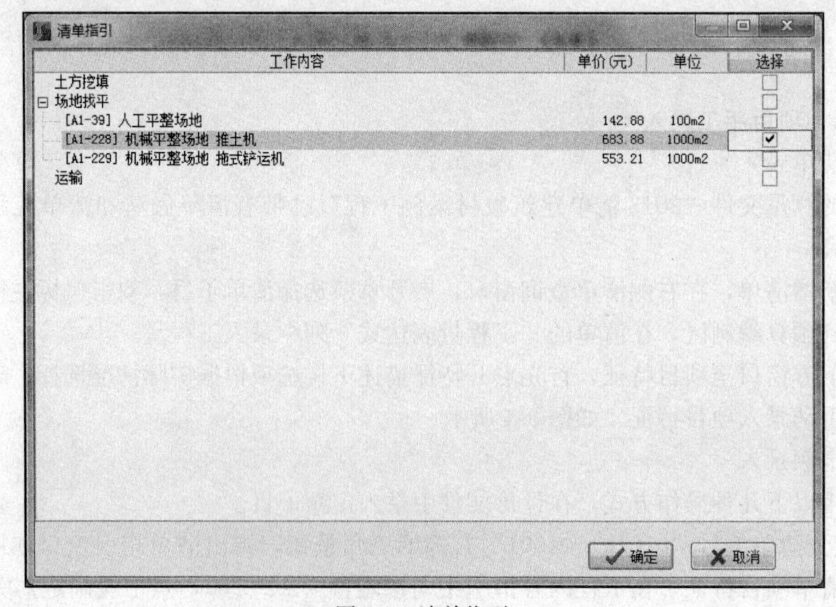

图 9-5　清单指引

2）选中清单“010101003001”双击，右上侧清单查询窗口会定位到该条清单如图9-6所示，从下方的清单指引中找到相应定额，双击定额或拖拽其至预算编制区。

序号	类型	项目编号	项目名称	项目特征	单位	工程量表达式	工程量
	部		分部工程				
1	清	010101001001	平整场地	(1)土壤类别:三类土 (2)弃土运距:1km	m2	139.58	139.58
	定	A1-228	机械平整场地 推土机		1000m2	Q	0.13958
2	清	010101003001	挖沟槽土方		m3	12.84	12.84
	定	A1-18	人工挖沟槽 三类土 深度(m以内) 6		100m3	Q	0.1284
3	清	010101004001	挖基坑土方		m3	38.69	38.69
4	清	010401001001	砖基础		m3	11.62	11.62
5	清	010402001001	砌块墙		m3	14.81	14.81
6	清	010501001001	垫层		m3	3.63	3.63
7	清	010501002001	带形基础		m3	2.28	2.28
8	清	010501003001	独立基础		m3	2.62	2.62
9	清	010501004001	满堂基础		m3	3.89	3.89
10	清	010502001001	矩形柱		m3	8.24	8.24
11	清	010503002001	矩形梁		m3	0.44	0.44
12	清	010503005001	过梁		m3	0.02	0.02
13	清	010505001001	有梁板		m3	4.82	4.82
14	清	010505002001	无梁板		m3	0.72	0.72

项目编号:010101003001 单价:37.29 合计:478.8 主材:0 人工:34.53 材料:0 机械:0 管理费:1.38 利润:1.38

清单库 定额库 工料机 清单做法
过滤值
01 房屋建筑与装饰工程
0101 土石方工程
010101 土方工程
[010101001] 平整场地
[010101002] 挖一般土方
[010101003] 挖沟槽土方
[010101004] 挖基坑土方
[010101005] 冻土开挖
[010101006] 挖淤泥、流砂
[010101007] 管沟土方
010102 石方工程
010103 回填
0102 地基处理与边坡支护工程
0103 桩基工程
排地表水
土方开挖
[A1-11] 人工挖沟槽 一、二类土 深度(m以内) 2
[A1-12] 人工挖沟槽 一、二类土 深度(m以内) 3
[A1-13] 人工挖沟槽 一、二类土 深度(m以内) 4
[A1-14] 人工挖沟槽 一、二类土 深度(m以内) 6
[A1-15] 人工挖沟槽 三类土 深度(m以内) 2
[A1-16] 人工挖沟槽 三类土 深度(m以内) 3
[A1-17] 人工挖沟槽 三类土 深度(m以内) 4
[A1-18] 人工挖沟槽 三类土 深度(m以内) 6
[A1-19] 人工挖沟槽 四类土 深度(m以内) 2

图 9-6　查询清单指引

3）点开右侧定额库查询窗口，在右下方展开选择章节“基础及实砌内外墙”，双击鼠标左键或拖拽右上方显示的定额“A3-1”到预算编制区；或在过滤值处录入清单关键字“砖基础”如图 9-7 所示，点击【过滤】模糊查询，选中定额“A3-1”双击完成挂接。

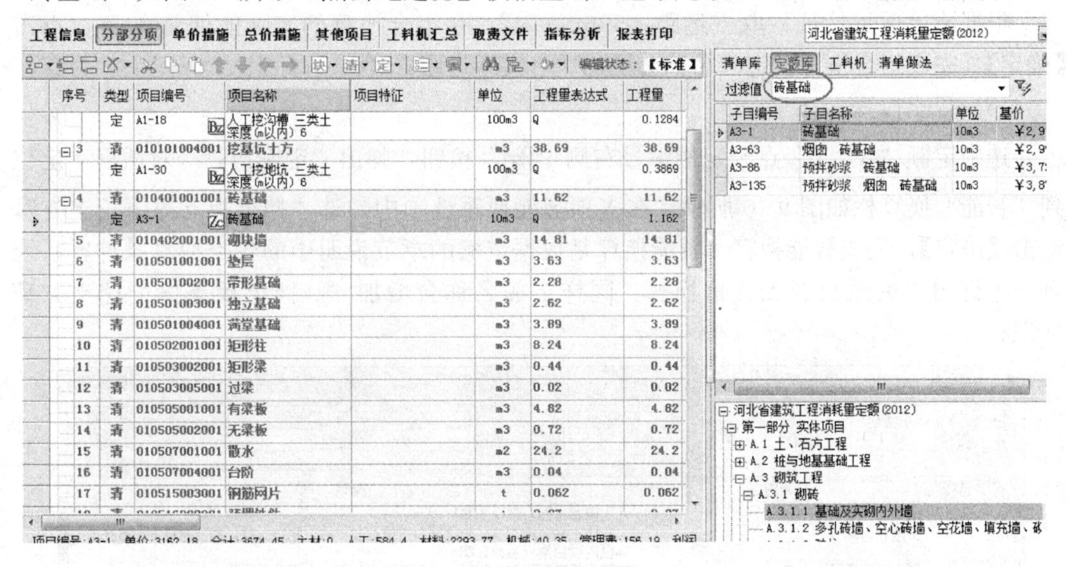

图 9-7　查询定额库

9.4.2　换算调整

（1）系数换算

单条定额系数换算：选中定额“A1-228”，点击工具栏“定▾”按钮下的“定额换算”选项，或者按快捷键 F2，弹出系数换算窗口如图 9-8 所示。在系数换算的人工框处，录入 1.2，点击【确定】完成系数换算。定额名称会增加“（人工＊1.2)”的标识。

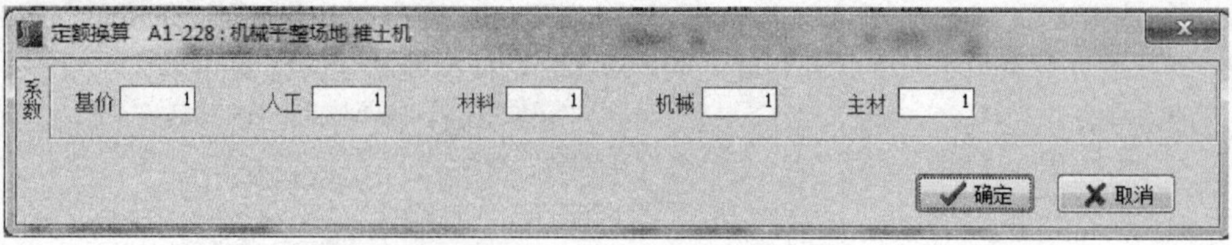

定额换算　A1-228：机械平整场地 推土机

系数　基价 1　人工 1　材料 1　机械 1　主材 1

确定　取消

图 9-8　系数换算

（2）组合换算

挂接定额“A1-70”，软件自动弹出“定额换算”对话框，如图 9-9 所示。

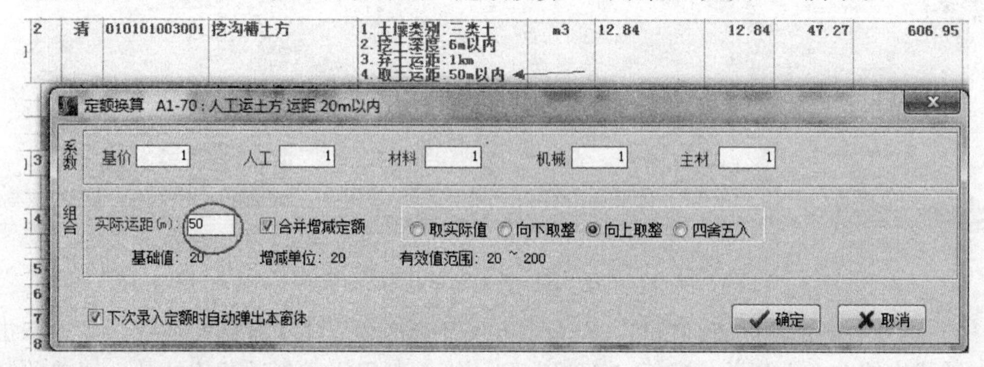

图 9-9　组合换算

根据清单项目特征“取土运距：50m 以内”，在组合换算的实际值处录入 50，点击【确定】，完成组合换算，定额名称会增加“（实际运距：50m）”标识。

（3）智能换算

选中定额“A1-30”点开定额编号右侧“Bz”按钮，弹出“定额换算”对话框，定位到“智能”换算栏如图 9-10 所示。在多项智能换算选项中勾选“挡土板支撑下挖土方”，点击【确定】，完成智能换算。智能换算是根据定额的章节说明中的各类换算条件，系统自动进行相应的系数或工料机换算。同样定额名称会增加“（挡土板支撑下挖土方）”标识。

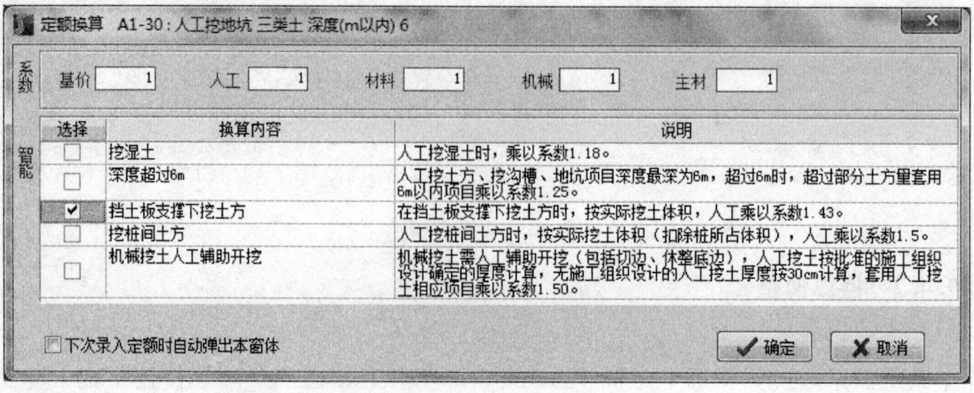

定额换算　A1-30：人工挖地坑 三类土 深度(m以内) 6

系数　基价 1　人工 1　材料 1　机械 1　主材 1

智能

选择	换算内容	说明
☐	挖湿土	人工挖湿土时，乘以系数1.18。
☐	深度超过6m	人工挖土方、挖沟槽、地抗项目深度最深为6m，超过6m时，超过部分土方量套用6m以内项目乘以系数1.25。
☑	挡土板支撑下挖土方	在挡土板支撑下挖土方时，按实际挖土体积，人工乘以系数1.43。
☐	挖桩间土方	人工挖桩间土方时，按实际挖土体积（扣除桩所占体积），人工乘以系数1.5。
☐	机械挖土人工辅助开挖	机械挖土需人工辅助开挖（包括切边、修整底边），人工挖土按批准的施工组织设计确定的厚度计算，无施工组织设计的人工挖土厚度按30cm计算，套用人工挖土相应项目乘以系数1.50。

下次录入定额时自动弹出本窗体

确定　取消

图 9-10　智能换算

（4）主材换算

选中定额“A4-16”点开定额编号右侧“Zc”按钮，弹出“定额换算”对话框，定位到“主材换算”栏如图 9-11 所示。根据项目特征要求需将混凝土换成“泵送混凝土 C25”；选中 ZF1-0029 混凝土，在过滤区【标号】选择“C25”、【碎砾石】选择“碎石”、【砂】选择“中砂”，在过滤出的材料中选中 ZF1-0287，双击鼠标左键替换掉 ZF1-0029，点击【确定】，完成混凝土换算。同样定额名称会增加“［泵送混凝土（中砂碎石）C25-20］”标识。

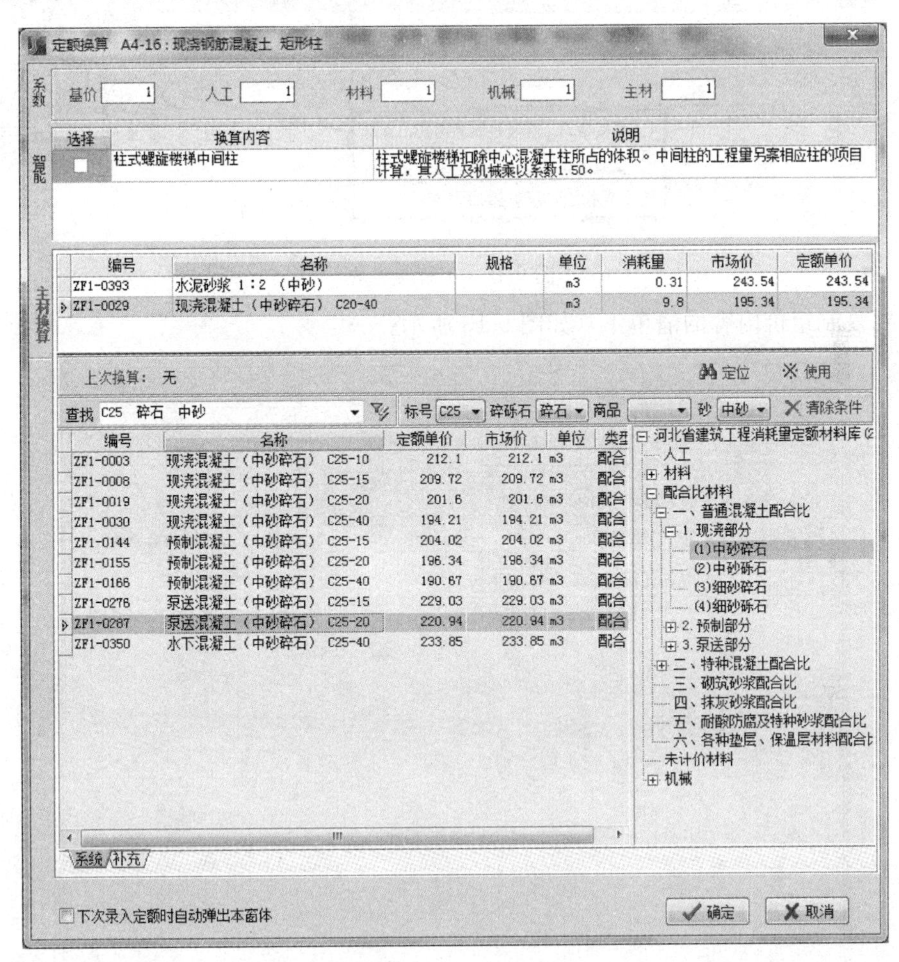

图 9-11 主材换算

9.4.3 子目编辑

（1）工程量计算

该页面可编辑复杂的工程量计算式，使用统筹法计算工程量。切换“工料机构成”页面至“工程量计算”页面，进入工程量编辑界面，如图 9-12 所示。

（2）复制清单组价内容

新增的一条或多条清单其组价内容与前面已组价好的某条清单是一致的。先选中已组价好的该条清单，点击工具栏“清”按钮下的【复制清单组价内容】弹出对话框，设置好过滤条件，勾选需要复制组价的清单，点击【确定】，完成将选中清单的组价内容复制到

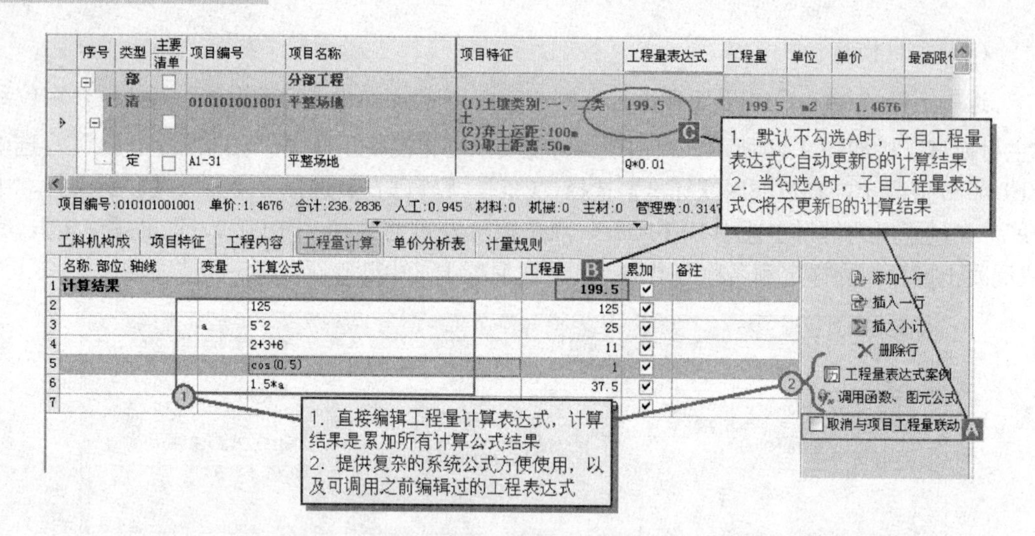

图 9-12 工程量计算

勾选需要复制组价内容的清单下，如图 9-13 所示。

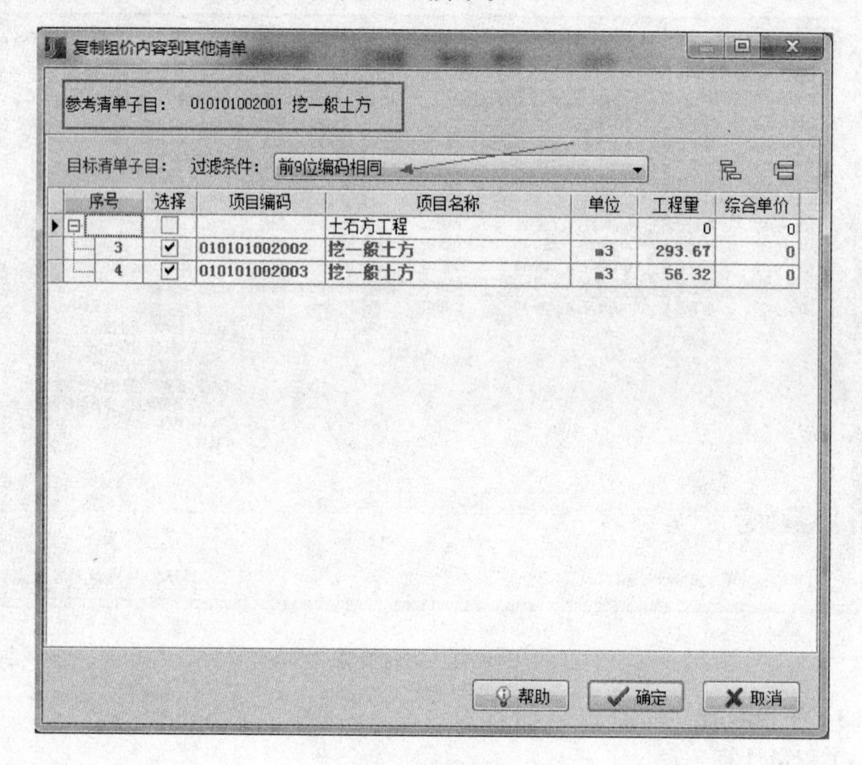

序号	选择	项目编码	项目名称	单位	工程量	综合单价
	☐		土石方工程		0	0
3	☑	010101002002	挖一般土方	m3	293.67	0
4	☑	010101002003	挖一般土方	m3	56.32	0

图 9-13 复制清单组价

（3）存入清单做法库

预算编制过程中，用户可将清单组价做法保存到清单做法库，供以后清单组价使用。系统清单做法库内容包含清单、项目特征、套价定额和相关换算等信息。先选定清单，单击鼠标右键选择“清单操作”→“存入清单做法库”，在弹出的对话框中选择章节，单击【确定】按钮，将该清单存入清单做法库中。

(4) 存入系统补充库

用户在预算书编制过程中将补充的清单、定额及工、料、机等保存到补充库。选中定额子目，单击鼠标右键，选择“其他功能”→“存入补充库”菜单，在弹出的对话框中选择章节，单击【确定】按钮，将该子目存入补充库中。

(5) 恢复标准定额

即取消当前选中定额的所有换算和修改，恢复到标准定额。在分部分项或措施项目中选择一条或多条定额子目，点击工具栏“定▾”按钮下的“恢复标准定额”选项，或单击鼠标右键选择右键菜单“定额操作”→“恢复标准定额”，出现确认对话框，如图 9-14 所示，点击【是】即可。

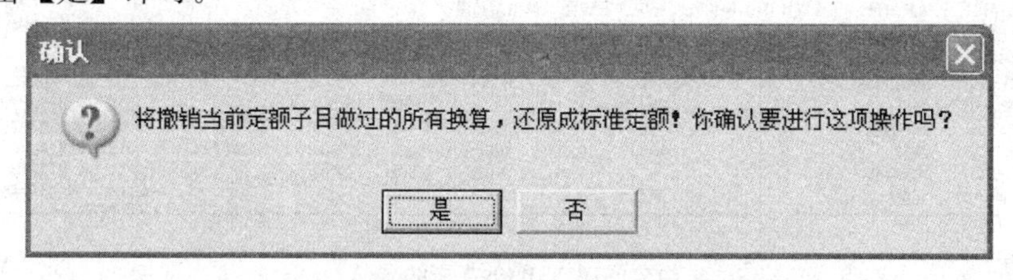

图 9-14 恢复标准定额确认对话框

(6) 编辑状态

对工程文件的操作状态进行了设定，点击工具栏【编辑状态】按钮如图 9-15 所示，有以下三种状态可选。

1) 标准：无功能限制，即对工程文件具有读写功能，可进行任意增删修改。

2) 锁清单：仅能对招标清单进行组价，即不能修改工程文件清单的编码、名称、特征、单位、工程量，仅能对其进行组价的操作。

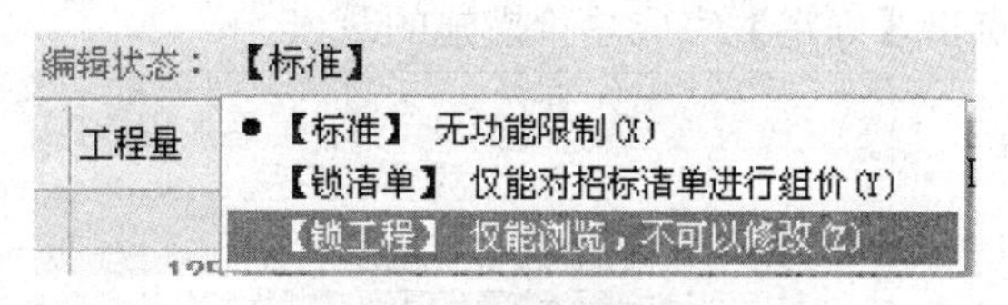

图 9-15 编辑状态

3) 锁工程：仅能浏览，不可以修改，即工程文件具有只读功能，不可进行修改。

9.5 措 施 项 目

9.5.1 项目手工录入

(1) 单价措施录入

单价措施录入与分部分项录入一致。导入的算量文件“教材案例工程”已带有措施清单做法和清单工程量，选中清单“外脚手架”，点开右侧定额库查询窗口，在右下方展开选择章节“外墙脚手架”，选中定额“A11-2”双击挂接到清单“外脚手架”下。由于该定额有组合换算、智能换算，故弹出了定额换算窗口，操作方式与分部分项一致，点【确定】退出，即完成单价措施【脚手架】的录入（图 9-16）。

(2) 总价措施录入

安全生产、文明施工费已根据《河北省 2012 定额工程费用标准》设置好计算公式自动计算，一般情况不需修改。如需计算“夜间施工增加费”、“二次搬运费”、“雨季施工增

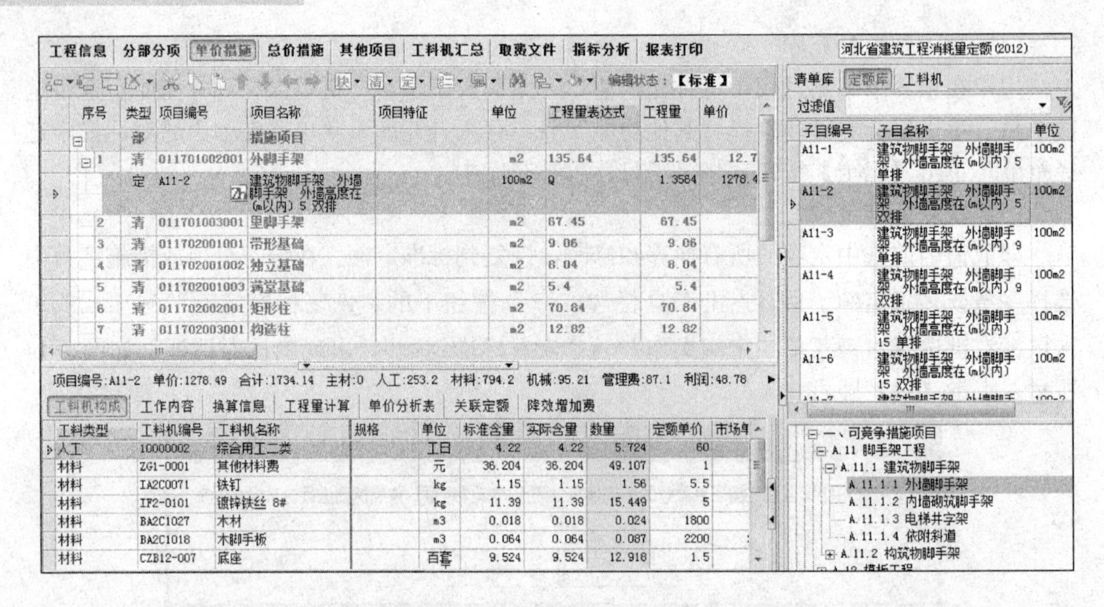

图 9-16　单价措施的录入

加费”、“在有害身体健康的环境中施工降效增加费”，点开清单“夜间施工增加费”编号右侧“▼”按钮，在弹出的对话框勾选一般建筑工程的“夜间施工增加费”、“二次搬运费”、“雨季施工增加费”、“在有害身体健康的环境中施工降效增加费”，如图 9-17 所示，点击【确定】完成总价措施的录入。

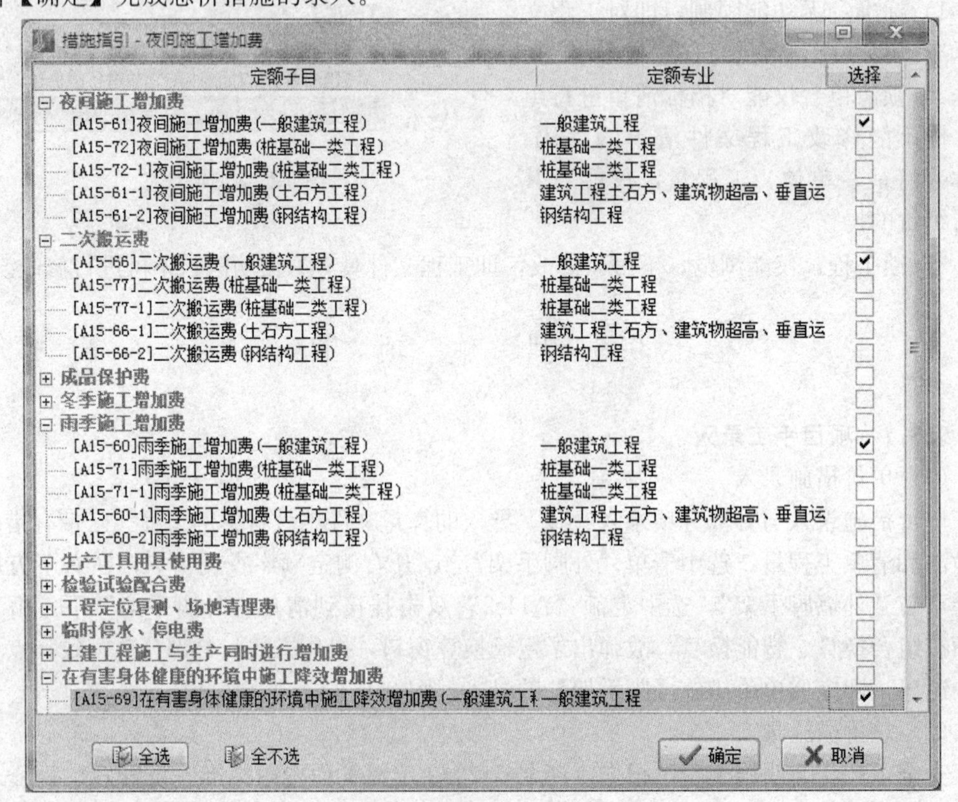

图 9-17　河北总价措施指引

9.5.2 子目编辑

工程量计算表达式的输入以及复制清单组价、存入补充库、恢复标准定额等功能与分部分项界面的操作一致。

9.6 其他项目

9.6.1 项目手工录入

点击任务栏“其他项目”，进入其他项目编辑界面，如图 9-18 所示。

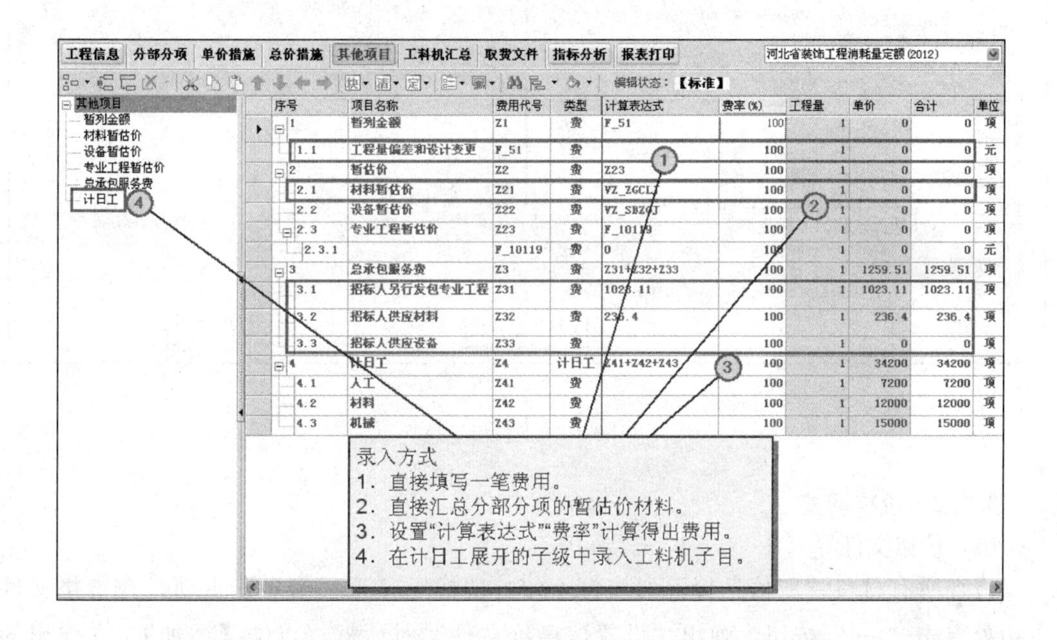

图 9-18 其他项目录入

9.6.2 其他项目常用功能

（1）另存为其他项目费用模板

若需要将其他项目模板应用到其他单位工程，则可将其独立存储起来。鼠标右键单击菜单“其他功能”→“另存为其他项目费用模板”，弹出保存文件窗口，选择保存路径和设置保存费用模板名称即可。

（2）重设其他项目

若要将其他项目恢复为软件原来的默认格式，单击右键菜单“其他功能”→“重设其他项目”，弹出确认对话框，点击【是】按钮，进行其他项目模板重设。

（3）导入其他项目费用模板

若要选择之前做好存储起来的其他项目，单击右键菜单“其他功能”→“导入其他项目费用模板”，弹出文件选择对应框，选择其他项目费用模板文件，直接替换更新当前的其他项目。

9.7　工料机汇总

9.7.1　查看（工料机汇总）

点击预算书的编制任务栏“工料机”，切换至工料机汇总窗口，如图 9-19 所示。

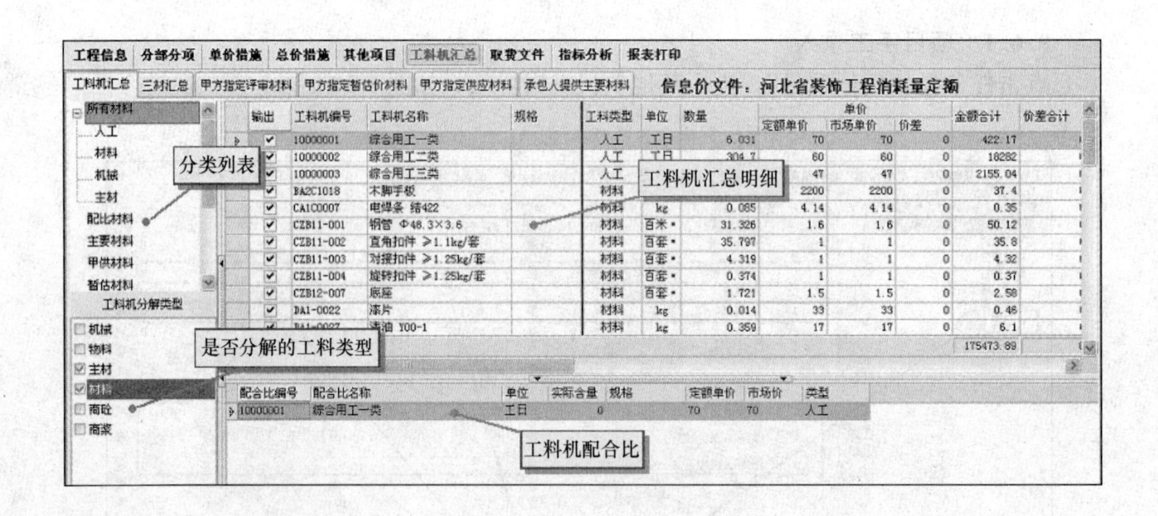

图 9-19　工料机汇总

9.7.2　价格调整

（1）价格文件导入

检查所有材料“取信息价”列均打上勾，切换至【工程信息】页面，在价格文件右边处点击“…”按钮，弹出“设置信息价文件”对话框，点击【添加】，在弹出的窗口选择地区具体月份的信息价文件，点击【打开】【确定】按钮，完成信息价文件导入。

（2）手动录入价格

《信息价格》文刊发布的是主要材料价格，故仍有部分材料是无法根据信息价文件更新的，这些材料可根据询价来手动录入其信息价格。在“市场单价”列录入询价价格后，该材料的“取信息价”列的勾自动取消，表示该材料的调价不是取自信息价文件，也表示该调价不参与信息价文件的价格更新。

（3）批量调整工料机信息价

可通过【调整人材机市场价】功能来实现批量调整工料机的信息价。点击鼠标右键菜单“调整工料机市场价”，进入“调整人材机市场价”窗口，如图 9-20 所示。可根据调整范围（全部子目、当前分类、当前选定工料机）自定义设定信息价的上下浮动比例。

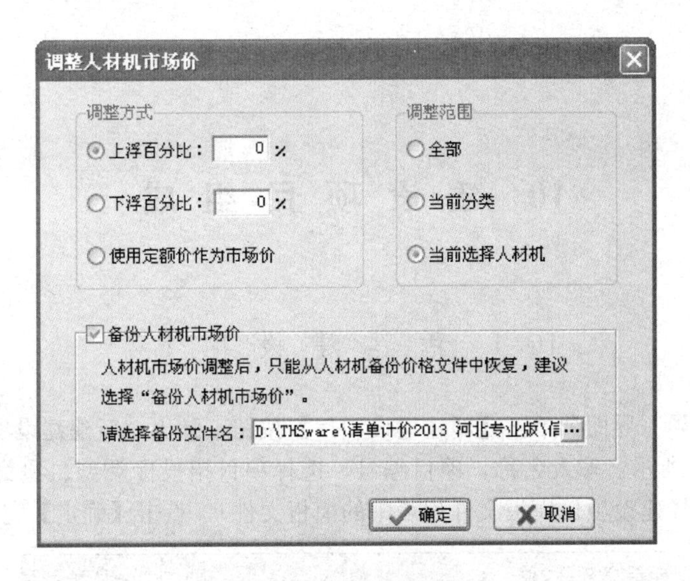

图 9-20　调整工料机信息价

9.8 取 费 文 件

点击任务栏的“取费文件”，切换至取费文件窗口，如图 9-21 所示，自动汇总计算。取费文件是根据造价管理部门发布的费用定额书编制的，在新建预算书时根据工程实际要求选择好取费模板和费率参数后，一般情况下不需再作修改。

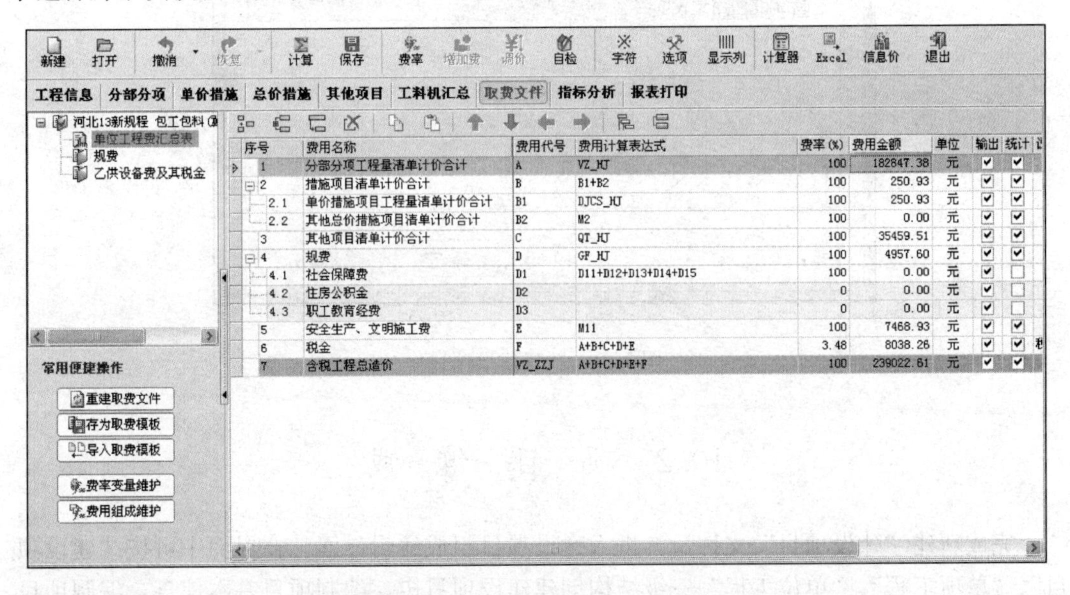

图 9-21　“取费文件”主界面

10 建设项目组成

10.1 新建建设项目

在“新建向导”界面，单击【新建建设项目】按钮，弹出“新建建设项目文件”操作界面，如图10-1所示。输入名称、项目编号，选择项目招投标类型、项目模板文件（可双击鼠标左键选择建设项目模板文件列表中的模板文件），点击【确定】完成新建。

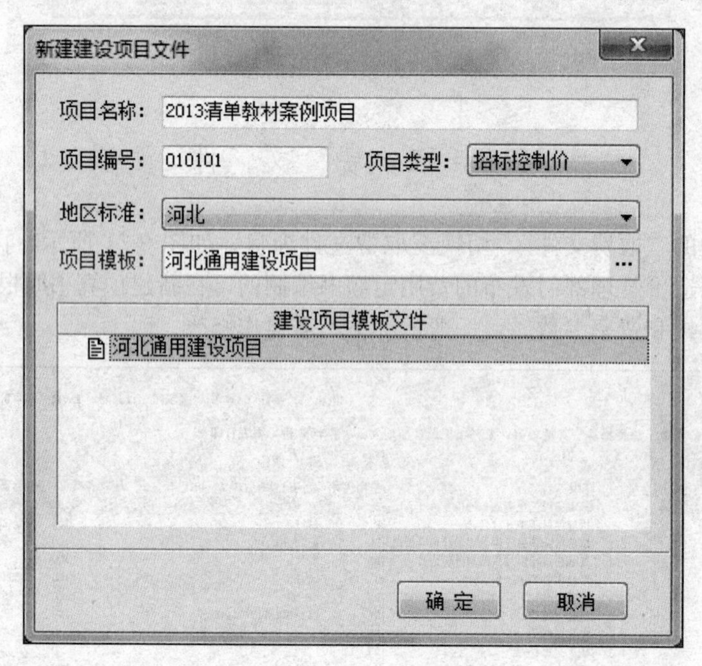

图10-1 新建建设项目

10.2 项目组成

完成新建“建设项目”文件后，进入建设项目组成编辑界面，在界面中可按“建设项目”、“单项工程”、“单位工程”三级结构创建建设项目树，编制项目基本信息，编制项目级费用以及快速调整造价等。从右键菜单选择“新建单位工程”选项，在弹出的对话框提供的三种新建单位工程方式中，选择添加已有的单位工程，点击【确定】，弹出“打开”对话框，选择要挂接的已编制好的单位工程【2013清单建筑教材案例工程】，单击【打开】，该工程即添加成功，如图10-2所示。

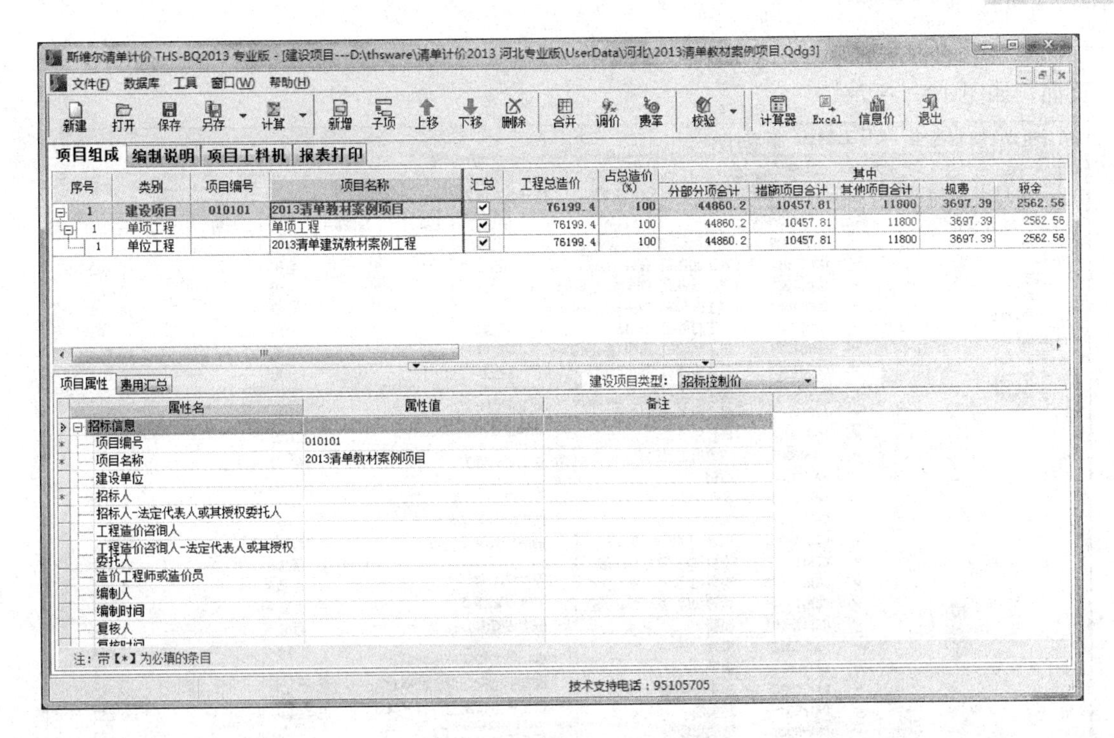

图 10-2 建设项目组成

10.3 编 制 说 明

编制招标书编制说明和投标报价编制说明等文字内容，如图 10-3 所示。

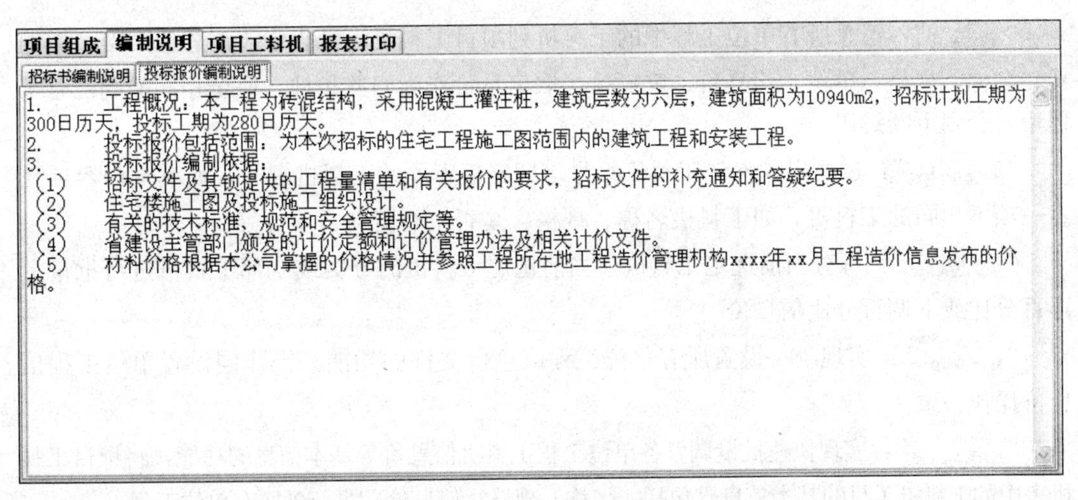

图 10-3 项目编制说明

10.4 项 目 工 料 机

切换至“项目工料机”页面，弹出选择“单位工程”对话框，选择要查看哪些单位工程的工料机明细。通常默认全选，点击【确定】，所有单位工程的工料机均刷新显示在此页面，如图 10-4 所示。

项目组成　编制说明　项目工料机　报表打印
汇总工料机　过滤差异工料机　更新到单位工程　批量调整信息价　统一选择信息价　按名称编码：　过滤
所有工料机
人工
材料
机械
主材
主要材料
暂估材料
甲供材料
价差材料
补充材机

输出	工料机编号	工料机名称	供应方	主要材料	暂估材料	单位	规格	工程量
✓	00004005	载货汽车 装载质量5t	乙方			台班		0.011
✓	00007012	木工圆锯机 直径500mm	乙方			台班		8.288
✓	00007021	木工压刨床 刨削宽度 四面300m	乙方			台班		24.64
✓	00007022	木工开榫机 榫头长度160mm	乙方			台班		16.576
✓	00007023	木工打眼机 MK212	乙方			台班		27.104
✓	00007024	木工裁口机 宽度 多面400mm	乙方			台班		10.528
✓	00009002	交流弧焊机 容量32kVA	乙方			台班		0.007
✓	00013135	电锤（功率520W）				台班		0.109
✓	10000001	综合用工一类				工日		6.031
✓	10000002	综合用工二类				工日		304.7
✓	10000003	综合用工三类				工日		45.852
✓	AA1C0008	圆钢 Φ18				kg		0
✓	BA2C1018	木脚手板				m3		0.017
✓	CA1C0007	电焊条 结422				kg		0.085
✓	CZB11-001	钢管 Φ48.3×3.6				百米·		31.326
✓	CZB11-002	直角扣件 ≥1.1kg/套				百套·		35.797
✓	CZB11-003	对接扣件 ≥1.25kg/套				百套·		4.319
✓	CZB11-004	旋转扣件 ≥1.25kg/套				百套·		0.374
✓	CZB12-007	底座				百套·		1.721
✓	DA1-0022	漆片				kg		0.014
✓	DA1-0027	清油 Y00-1				kg		0.359
✓	DA1-0028	油漆溶剂油				kg		2.253
✓	DA1-0035	熟桐油				kg		0.857
✓	DE1-0027	醇酸稀释剂				kg		0.487
✓	DE1C0030	醇酸磁漆				kg		5.838

反查定额(L)
筛选主要材料(M)
甲 设为甲供(N)
乙 设为乙供(O)
锁定材料信息价(P)
解锁材料信息价(Q)
勾选输出(R)
勾选不输出(S)
输出设置(T)...
绑定甲方指定评审材料(U)
绑定甲方指定供应材料(V)
绑定甲方指定暂估价材料(W)
归并工料机(X)
过滤单价差异工料机(Y)
导出本工程信息价(Z)

项目名称	工料机编号	暂估材料	单位	规格
案例工程1	00013135		台班	

图 10-4　项目工料机

具体功能详解如下：

“汇总工料机”：汇总所有单位工程中的工料机到项目工料机汇总表中，汇总规则是：把编号、名称、规格、单位、信息价、定额价、取信息价作为归并条件，完全相同的则汇总工程量，否则重新编码。

“过滤差异工料机”：过滤出同参考工料机编号（即定额库原始工料机编号）而其他内容项任意一项不相同的工料机，如工料机名称、规格、是否主要材料、单价等。

“批量调整信息价”：可对当前选定工料机或当前选定工料机的分类或全部工料机进行批量上浮百分比或下调百分比信息价。

“统一选择信息价”：实现统一设置所有单位工程信息价文件的功能，操作同设置单位工程信息价操作一致。

“更新到单位工程”：实现快速批量调整各单位工程工料机信息价等基本信息的功能，将项目工料机表中的工料机子目的基本信息（包括：名称、规格、信息价）更新到所有单位工程。

“归并工料机(X)”（右键菜单功能）：过滤出差异工料机后，可按住“Ctrl”或“Shift”键选择多条可以归并的工料机，归并成一条工料机子目。

“导出本工程信息价(Z)”（右键菜单功能）：调整好本项目工程的工料机价格后，可将此项目文件的工料机价格调整存为信息价文件，方便其他同类工程项目调用。

11 结 果 输 出

结果输出的主要内容是报表的浏览和打印。在预算编制窗口的任务栏选择“报表打印”，进入报表打印界面，如图 11-1 所示，提供报表设计、打印，以及封面编辑、打印功能。

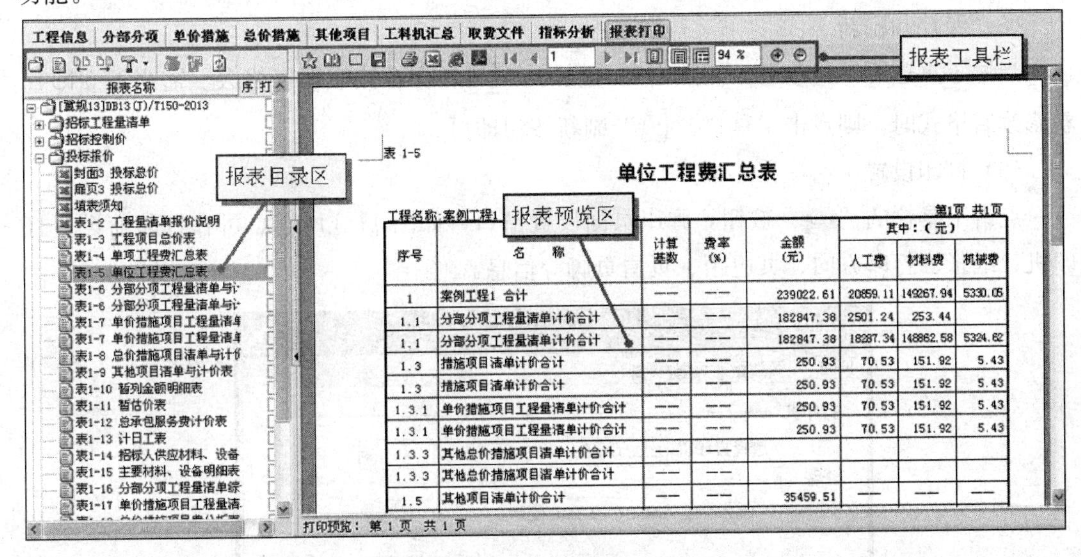

图 11-1 报表打印

（1）预览报表缩放查看

“ ”整页：预览窗口显示一张完整的报表。

“ ”页宽：预览窗口完全填充显示报表。

“ ”100%：预览窗口显示一张 1∶1 比例的报表。

“ ”：显示也可手工录入比例值，放大、缩小预览报表。

“ ”依次是：预览第一页、翻上一页、显示当前页码、翻下一页、最后一页报表。

（2）输出 Excel

点击工具栏的“ ”按钮，弹出“输出选项”设置对话框，如图 11-2 所示，设置相关选项后，点击【确定】将当前选中的报表保存到 Excel 文件中。

（3）输出 Html 文件

点击工具栏的“ ”按钮，将当前报表输出到 Html 文件。

（4）输出 PDF 文件

点击工具栏的“ ”按钮，弹出另存文件对话框，选择保存路径并输入文件名，点

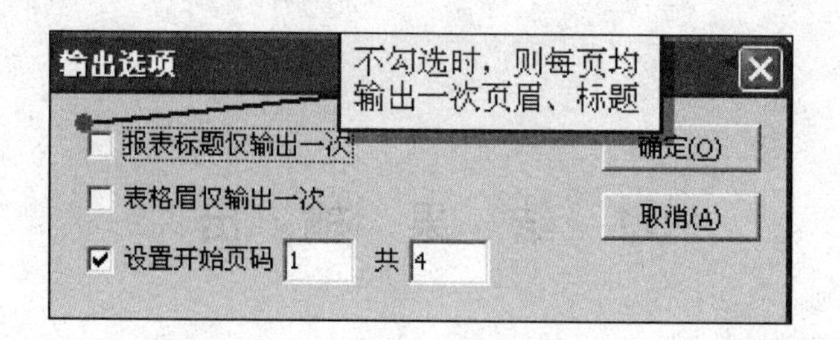

图11-2 “输出选项”设置

击【保存】，将当前报表输出到PDF文件。

（5）保存和刷新

当做了页边距等修改后，需点击工具栏的“”保存按钮保存修改。需当下立即查看修改后格式时，则点击工具栏“”刷新按钮即可。

（6）打印设置

点击工具栏的“”按钮，弹出页面设置窗口，如图11-3所示，可在打印前设置打印机、纸张、打印方向、页边距、页眉页脚等信息。

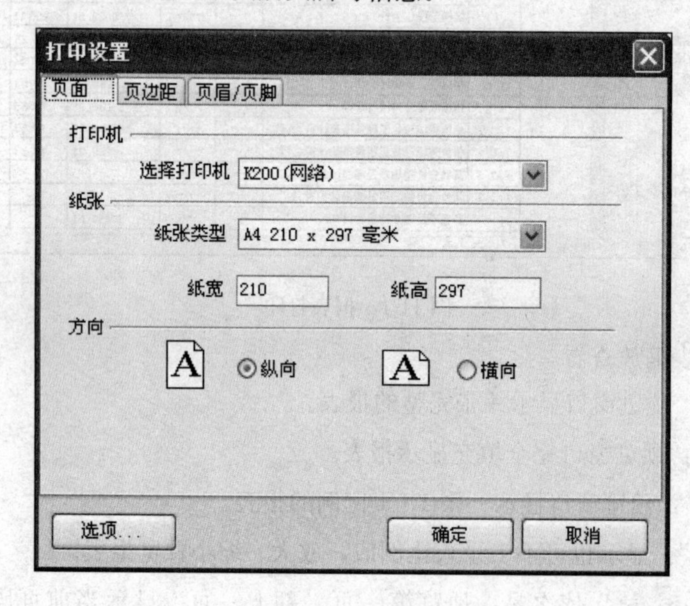

图11-3 打印设置

（7）打印

在报表列表中，选中一张报表，点击工具栏的“”按钮，弹出打印对话框，如图11-4所示，可设置打印机、打印方式、打印范围、份数，点击【确定】按钮，将当前报表输出到打印机。

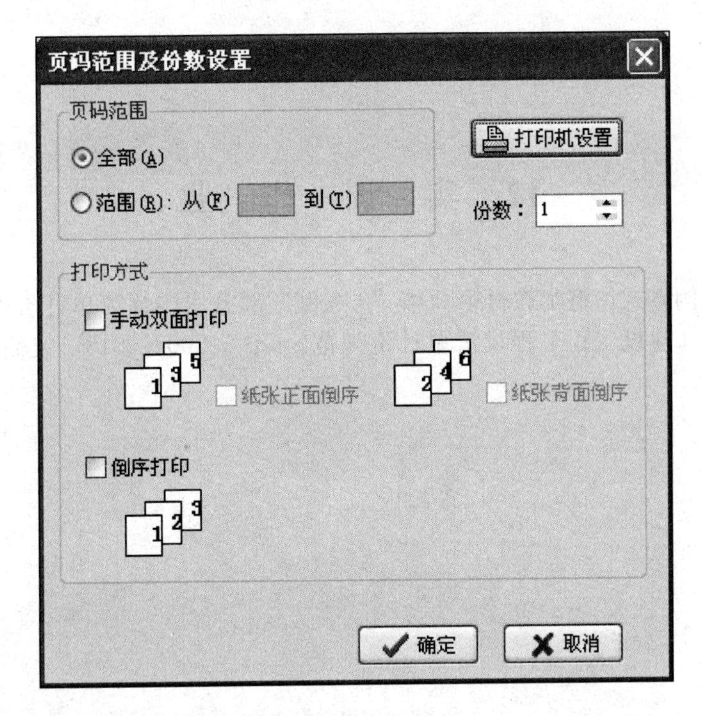
页码范围及份数设置
页码范围
全部(A)
范围(R): 从(F)
到(T)
打印机设置
份数:
1
打印方式
手动双面打印
纸张正面倒序
纸张背面倒序
倒序打印
确定
取消

图 11-4　打印

12 实 训 作 业

按照前面案例方式，将本教材第 2 篇“9 案例”部分用国标清单计价方式进行套价，实际操作。采用《建设工程工程量清单计价规范》GB 50500—2013，定额和价格信息由指导老师确定。

参 考 文 献

[1] 中华人民共和国住房和城乡建设部 . GB 50500—2013 建设工程工程量清单计价规范[S]. 北京：中国计划出版社，2013.

[2] 中华人民共和国住房和城乡建设部 . GB 50854—2013 房屋建筑与装饰工程工程量计算规范[S]. 北京：中国计划出版社，2013.

[3] 《建筑安装工程费用项目组成》建标[2013]44 号文件 .

[4] 袁建新 等 . 建筑工程预算(第五版)[M]. 北京：中国建筑工业出版社，2014.

[5] 袁建新 等 . 工程量清单计价(第四版)[M]. 北京：中国建筑工业出版社，2014.

[6] 胡晓娟 等 . 工程量清单计价习题。重庆：重庆大学出版社，2013.

[7] 中华人民共和国住房和城乡建设部 . GB 50856—2013 通用安装工程工程量清单计算规范[S]. 北京：中国计划出版社，2013.

[8] 刘庆山，刘屹立，刘翌杰 . 建筑安装工程工程量清单计价手册[M]. 北京：中国电力出版社，2009.

[9] 冯钢，景巧玲 . 安装工程计量与计价[M]. 北京：北京大学出版社，2009.

[10] 杜贵成 . 新版安装工程工程量清单计价及实例[M]. 北京，化学工业出版社，2013.

[11] 温艳芳 . 安装工程施工图预算实例详解[M]. 北京，化学工业出版社，2013.

建筑设计说明

一、设计依据

1.设计合同。

2.建设单位提供的建设场地的地形图。

3.建设单位提供的建设场地的地质勘察报告。

4.国家相关的现行设计规范以及相关的设计资料。

二、工程概况

1.结构形式：大门主体为钢筋混凝土框架结构。

2.设计范围：本工程施工图的设计范围包括：建筑、结构、给排水、采暖、强弱电设计。

3.主要数据

1）建筑面积：58.29m²

2）耐火等级：二级

3）抗震设防烈度：8度

三、统一技术措施

1.设计标高及尺寸

1）本工程±0.000标高相当于绝对标高由现场确定。

2）本工程除标高和总图以米为单位外，其他尺寸均以毫米为单位。

2. 墙身工程

外墙：300厚加气混凝土砌块。

3. 楼地面：

施工前应仔细阅读图纸，以保证楼地面的施工质量及标高的统一性。

本工程所注标高均为建筑完成面标高。

4.屋面及防水工程

1）本工程的屋面防水等级为Ⅲ级，防水层合理使用年限为10年。

2）施工必须严格执行国家有关规范，避免因施工不当造成渗、漏水。

3）屋面排水组织见屋顶平面图，雨水斗、雨水管采用白色UPVC，雨水管的公称直径均为*DN*100。

5.顶棚工程

本工程一般顶棚做法详做法表，吊顶部分仅控制高度，室内要求较高部分应结合二次装修进行设计。

6. 外墙装修

立面上各种饰面材料部位除参见立面图外，还应参照施工图中所注。为确保外立面效果良好，应对装修材料质感及色彩最后确定，会同业主及施工单位及建筑师共同认证后，方可统一实施。

7. 内装修

内装修选用的各项材料，均由施工单位制作样板和选样，经确认后进行封样。

8. 门窗工程

1）本工程的门窗按不同用途，材料及立面要求分别编号，详见门窗表。

2）本工程的门窗玻璃厚度，由承制厂家根据立面分块要求及风压值确定。

3）门窗的小五金配件，由承包商提供样品及构造大样，与业主及建筑师共同确定。

9. 防火设计

按民用建筑设计防火规范规定，耐火等级为二级。

10. 节能设计

由于本工程为大门，具体保温措施详工程做法。

11. 其他

1）室内门窗洞口及墙阳角均抹20厚，1:2水泥砂浆护角，高2000mm，每边宽50mm。

2）凡管道穿过的楼板，须预埋套管，并高出建筑完成面30mm。

3）凡预埋铁件、木件均须作防锈、防腐处理，凡未详细构造做法者，按当地常规作法施工。

4）油漆：本工程外露的钢、木构件按中级以上油漆要求施工。木材面用调和漆或清漆做法，钢构件用酚醛磁漆做法，油漆颜色除图注明外，由装修设计或专业选定。

5）凡隐蔽部位和隐藏工程应及时会同有关部门进行检查验收。

6）凡两种材料的墙身交接处，在墙面饰面施工前加钉钢丝网，防止裂缝。

7）本工程施工图未尽事项，在施工配合中共同商定。工程施工中，施工单位应及时熟悉各专业图纸，避免单一专业图施工。

8）本工程施工及验收均应严格执行国家现行的建筑安装工程及施工验收的规范并按相关规定执行，施工中各工种应密切配合，如有问题及时与设计单位协商解决。

门窗表

门窗类型	设计编号	洞口尺寸		樘数	标准图集代号及编号		备注
		宽	高		图集代号	编号	
门	M-1	900	2100	1	05J4-1 P1	1PM1-0921	平开半玻门(塑钢、保温)
	M-2	900	2100	1	05J4-1 P89	1PM-0921	平开夹板门
	M-3	700	2100	1	参05J4-1 P89	1PM-0821	平开夹板门（宽度改为700）
窗	C-3	2700	2700	2	自绘		塑钢推拉窗
幕墙	MQ1	6200	3800	1	自绘		明框玻璃幕墙

注：外门、窗玻璃选用12mm厚中空玻璃，外门芯板内填充聚苯或岩棉保温材料。

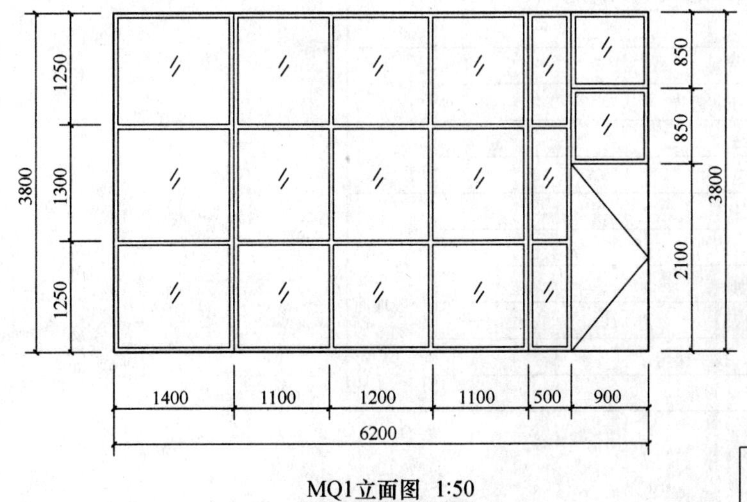

MQ1立面图 1:50

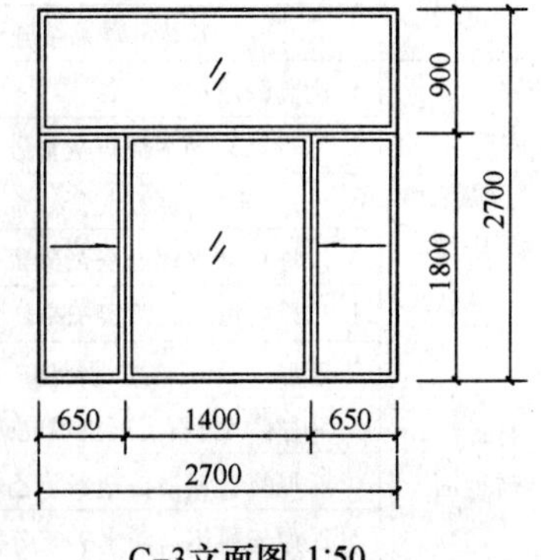

C-3立面图 1:50

建筑设计说明						编号	
审核		校对		设计		页	1/4

室内外工程做法表

工程名称	工程做法	适用
屋面1（不上人）	1. 40厚C20细石混凝土，内配 ϕ4@150×150钢筋网片	
	2. 干铺无纺聚酯纤维布一层	
	3. 50厚QCB防水保温阻燃装饰一体板，导热系数0.035	
	4. 2厚MCT喷涂速凝涂料一道	
	5. 20厚1:3水泥砂浆找平层，砂浆中掺聚丙烯	
	6. 1:6水泥焦渣找2%坡　最薄处30厚	
	7. 钢筋混凝土楼板	
外墙1 涂料墙面	1. 刷灰色高级外墙防水涂料	详见立面
	2. 3厚聚合物砂浆罩面（压入耐碱玻纤网格布一层）	
	3. 50厚QCB(防水保温阻燃装饰一体板)，导热系数0.035	
	4. 3厚专用界面粘结剂一遍	
	5. 2厚聚合物水泥防水涂料	
	6. 15厚1:3水泥砂浆找平（钢筋混凝土）2:1:8（加气混凝土砌块）水泥石灰砂浆找平	
	7. 刷建筑胶素水泥浆一遍，配合比为建筑胶：水=1:4	
	8. 基层墙体	
外墙2 干挂石材外墙面	1. 25厚石材板，上下边钻销孔，长方形板横排时钻2个孔，竖排时钻一个孔，孔径Ø5,安装时孔内先填云石胶，再插入Ø4不锈钢销钉，固定4厚不锈钢板托件上，石板两侧开4宽80高凹槽。填胶后，用4厚50宽燕尾不锈钢板勾住石板（燕尾钢板各勾住一块石板），石板四周接缝宽6~8，用弹性密封膏封严钢板托和燕尾钢板，M5螺栓固定于竖向角钢龙骨上	详见立面
	2．L50×50×5横向角钢龙骨（根据石板大小调整角钢尺寸）中距为石板高度+缝宽	
	3．L60×60×6竖向角钢龙骨（根据石板大小调整角钢尺寸）中距为石板宽度+缝宽	
	4．50厚QCB防水保温阻燃装饰一体板，导热系数0.035	
	5．角钢龙骨焊于墙内预埋伸出的角钢头上或在墙内预埋钢板，然后用角钢焊连竖向角钢龙骨（砌块类墙体设有构造柱及水平加强梁，详见结施图）	
内墙1 乳胶漆墙面	1. 刷乳胶漆	
	2. 5厚1:0.3:2.5水泥石灰膏砂浆抹面,压实赶光	
	3. 12厚1:1:6水泥石灰膏砂浆打底扫毛	
	4. 12厚1:1:6水泥石灰膏砂浆打底扫毛	
地面1 地砖地面	1. 10厚防滑地砖铺实拍平，水泥浆擦缝	一般地面
	2. 20厚1:4干硬性水泥砂浆	
	3. 50厚C15豆石混凝土填充热水管道间	
	4. 20厚复合铝箔挤塑聚苯乙烯保温板	
	5. 20厚无机铝盐防水砂浆分两次抹，找平抹光	
	6. 无机铝盐防水素浆	

工程名称	工程做法	适用
	7. 80厚C15混凝土	
	8. 素土夯实	
地面2 防滑地砖地面	1. 10厚防滑地砖铺实拍平，水泥浆擦缝	卫生间
	2. 20厚1:4干硬性水泥砂浆	
	3. 60厚C15豆石混凝土找坡不小于0.5%，最薄处不小于30厚	
	4. 20厚复合铝箔挤塑聚苯乙烯保温板	
	5. 点粘350号石油沥青油毡一层	
	6. 1.8厚聚氨酯防水涂料，面撒黄砂，四周沿墙上翻300高	
	7. 刷基层处理剂一遍	
	8. 20厚无机铝盐防水砂浆分两次抹，找平抹光	
	9. 无机铝盐防水素浆	
	10. 80厚C15混凝土	
	11. 素土夯实	
顶棚1 喷涂料顶棚	1. 喷内墙涂料两道	
	2. 满刮腻子两道	
	3. 5厚1:0.2:2.5水泥石灰膏砂浆找平	
	4. 3厚1:0.2:3水泥石灰膏砂浆打底扫毛	
	5. 刷一道YJ-302型混凝土界面处理剂	
散水1 细石混凝土散水	1. 50厚C20细石混凝土面层，撒1:1水泥砂子压实赶光	宽1000
	2. 150厚3:7灰土夯实，宽出面层300	
	3. 素土夯实，向外坡5%	
台阶1（现制水泥抹面）灰土垫层	1. 20厚1:2水泥砂浆抹面赶光	
	2. 素水泥浆结合层一道	
	3. 60厚C15混凝土，台阶面向外坡1%	
	4. 300厚3:7灰土	
	5. 素土夯实	

室内外工程做法表						编号	
审核		校对		设计		页	2/4

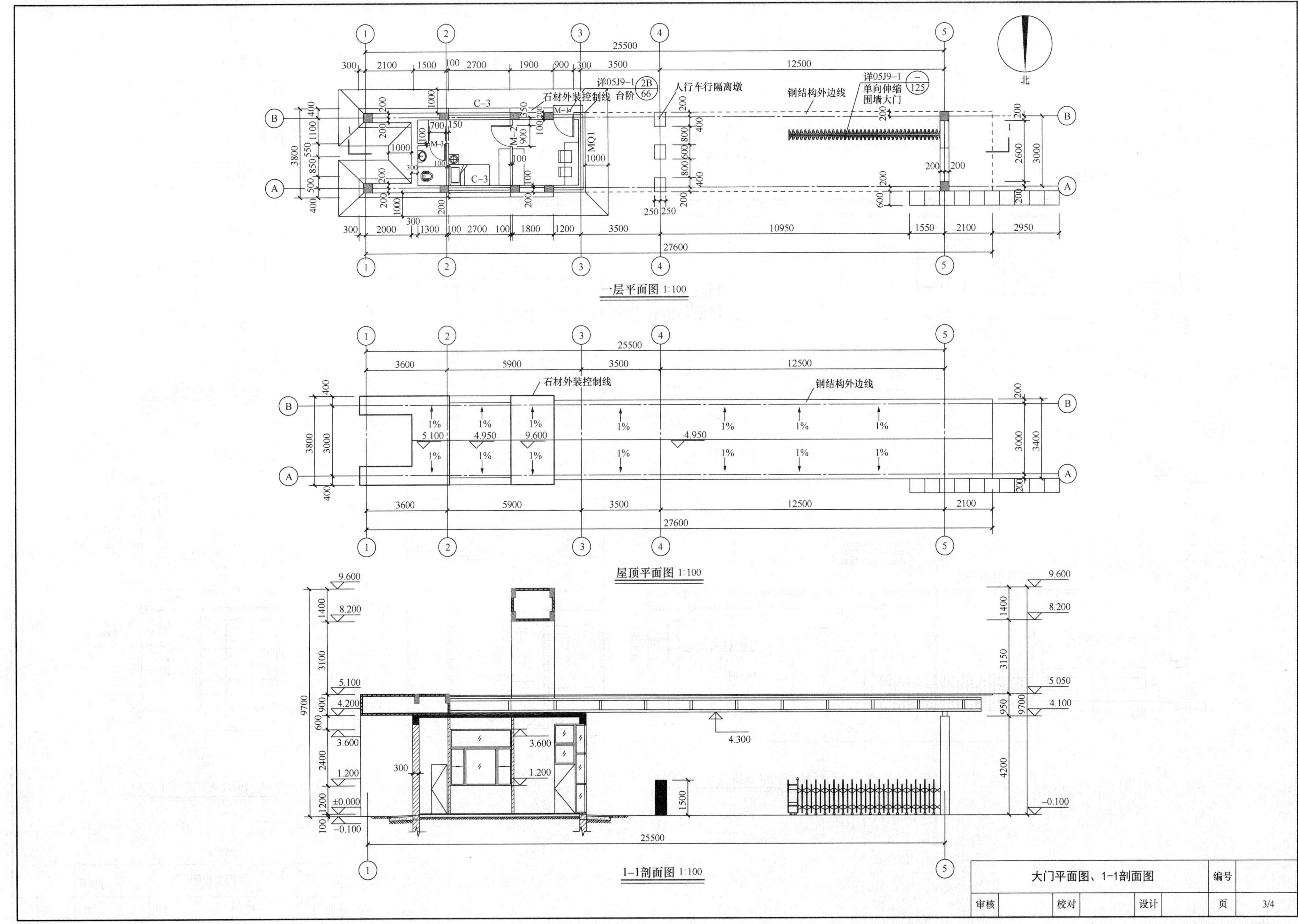
一层平面图 1:100
屋顶平面图 1:100
1-1剖面图 1:100
石材外装控制线
人行车行隔离墩
钢结构外边线
单向伸缩围墙大门
大门平面图、1-1剖面图
编号
审核
校对
设计
页
3/4

工程名称：学院北大门

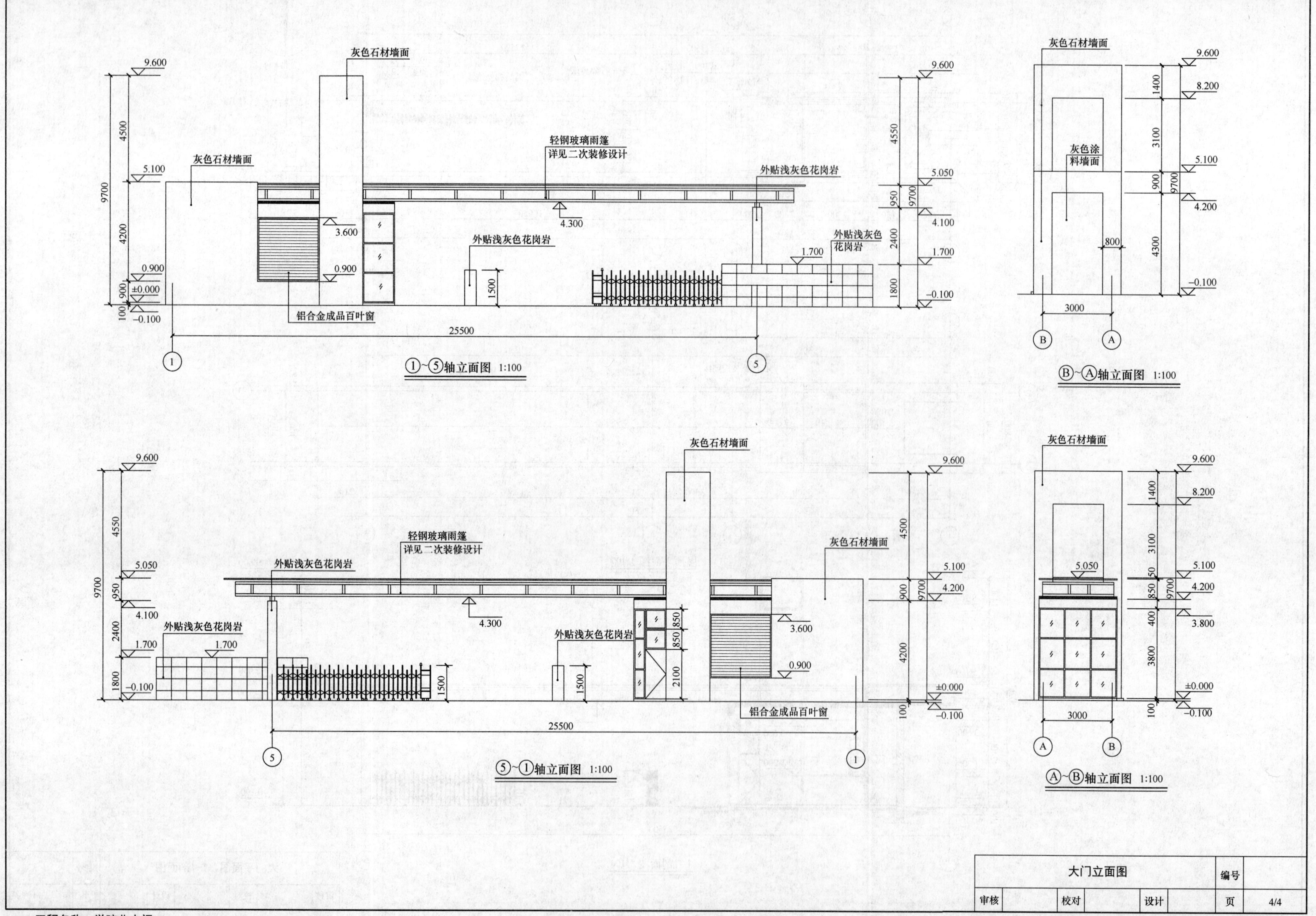

灰色石材墙面
轻钢玻璃雨篷
详见二次装修设计
外贴浅灰色花岗岩
外贴浅灰色
花岗岩
铝合金成品百叶窗
灰色涂
料墙面
9.600
8.200
5.100
5.050
4.300
4.200
4.100
3.800
3.600
1.700
0.900
±0.000
-0.100
25500
3000
800
9700
①~⑤轴立面图 1:100
Ⓑ~Ⓐ轴立面图 1:100
⑤~①轴立面图 1:100
Ⓐ~Ⓑ轴立面图 1:100
大门立面图
编号
审核
校对
设计
页
4/4

工程名称：学院北大门

结构设计总说明

一、工程概况

1.本工程为一层现浇钢筋混凝土框架结构。建筑总长度27.600m，总宽度3m。总高度4.2m。基础形式为钢筋混凝土柱下独立基础。

2.建筑物室内地面标高±0.000详见建施。室内外高差为0.100m。

二、建筑结构的安全等级及设计使用年限

1. 建筑结构安全等级：二级

2. 设计使用年限：50年

3. 建筑抗震设防类别：标准设防类（丙类）

4. 地基基础设计等级：丙级

5. 抗震等级：二级

6. 耐火等级：二级

7. 混凝土结构暴露的环境类别：

室内干燥环境：一类

卫生间、厨房、浴室等室内潮湿环境：二a类

直接接触土人部位及雨篷、挑檐、室外装饰构件等露天构件：二b类

8. 根据湿陷性黄土地区建筑规范，建筑物分类为丙类。

三、自然条件

1. 基本风压：W_o=0.40kN/m²(50年重现期)

地面粗糙度类别：B类

2. 基本雪压：S_o=0.35kN/m²

3. 抗震设防烈度：8度，设计基本地震加速度值为0.20g，设计地震分组为第一组。抗震构造措施按8度，二级。建筑场地类别为：Ⅲ类。

4. 场地标准冻深：0.9m。

5. 场地的工程地质条件参照临近建筑。

6.湿陷性等级为Ⅰ级（轻微），属非自重湿陷性黄土场地。

四、本工程设计遵循国家相关标准、规范、规程。

五、设计采用的均布活荷载标准值，不上人屋面0.5kN/m²。

六、地基基础

1. 本工程采取整片换填垫层来进行地基处理，换填的平面范围为自基础外边缘向外扩出1.0m，深度为素混凝土垫层下0.5m，处理后的地基承载力不小于150kPa。

2. 开挖基槽时，不应扰动土的原状结构。如经扰动，应挖除扰动部分，采用三七灰土进行分层碾压回填处理，压实系数应大于0.95。垫层的施工质量检验必须分层进行，应在每层的压实系数符合设计要求后铺填上层土。

3. 机械开挖时应按有关规范要求进行，坑底应保留不少于300mm厚的土层用人工开挖。基坑开挖至设计标高后，应对坑底土层进行夯实或碾压。

4. 未经地基处理的基坑，基础施工前应进行钎探。钎探点间距为1.5×1.5m，梅花形布置，探深1.5m。钎探数据应报设计单位审阅。如发现土质与地质报告不符或存在墓穴、空洞等不良地质现象时应会同有关各方共同协商研究处理。

5.开挖基坑时应注意边坡稳定，定期观测其对周围道路、市政设施和建筑物有无不利影响，并做好安全防护。非自然放坡开挖时，基坑护壁应做专门设计。土方开挖完成后应立即对基坑进行封闭，防止水浸和暴露，并应及时进行地下结构施工。基坑土方开挖应严格按要求进行，不得超挖。基坑周边超载，不得超过设计荷载限制条件。

6. 基坑开挖后，应进行基坑检验。基坑应经验收后方可开始基础施工。

7. 混凝土基础底板下(除特别注明外)设100厚C15素混凝土垫层，每边扩出基础边100mm。

七、主要结构材料(详图中注明者除外)

1. 混凝土强度等级：

(1)基础：C30

(2)柱、梁、楼板：C25

2. 钢筋及钢材：

(1) 钢筋采用HPB300级钢；HRB335级；HRB400级。

(2) 钢材、钢板采用Q235-B钢。

(3) 吊钩、吊环均采用HPB300级钢筋，不得采用冷加工钢筋。

(4) 钢材的强度标准值应具有不小于95%的保证率。

(5) 一、二级框架梁、柱中纵向受力钢筋的抗拉强度实测值与屈服强度实侧值的比值不应小于1.25，且屈服强度实测值与强度标准值的比值不应大于1.30；且钢筋在最大拉力下的总伸长率实测值不应小于9%。其中HPB300级钢在最大拉力下的总伸长率实测值不应小于10%。

(6) 钢材的屈服强度实测值与抗拉强度实测值的比值不应大于0.85；钢材应有明显的屈服台阶，且伸长率不应小于20%；钢材应有良好的可焊性和合格的冲击韧性。

3. 焊条：Q235B钢采用《非合金钢及细晶粒钢焊条》(GB/T 5117—2012)中的E43- ××系列焊条。

4.隔墙：

±0.000以下采用Mu10烧结煤矸石砖，用M10水泥砂浆砌筑，其容重应不大于19kN/m³。

±0.000以上采用Mu5加气混凝土砌块，用M5混合砂浆砌筑，其容重应不大于7kN/m³。

八、混凝土的构造要求：

1. 结构混凝土耐久性的基本要求见下表：

环境类别	最大水灰比	最小水泥用量(kg/m³)	最大氯离子含量(%)	最大碱含量(kg/m³)
一	0.65	225	1.0	不限制
二a	0.6	250	0.3	3.0
二b	0.55	275	0.2	3.0

2. 受力钢筋混凝土保护层(mm)（图中注明者除外）

(1) 防水混凝土梁、板、柱、墙、基础迎水面最外层钢筋保护层厚度，当有建筑柔性外防水时35，没有外防水时50。

(2) 基础底板上部钢筋保护层厚度25mm。

(3) 受力钢筋保护层厚度不小于钢筋的公称直径。

(4) 梁、板中预埋管的混凝土保护层厚度应大于30。

(5) 最外层钢筋的混凝土保护层厚度(mm)应不小于右表：

环境类别	板、墙	梁、柱、杆
一	15	20
二a	20	25
二b	25	35

(6) 预制钢筋混凝土构件节点缝隙或金属承重构件节点的外露部位均设防火保护，采用水泥砂浆抹面、勾缝，厚度不小于20。

注：1. 混凝土强度等级不大于C25时，表中保护层厚度数值应增加5mm。
2. 各构件中可以采用不低于相应混凝土构件强度等级的素混凝土垫块来控制主筋保护层厚度。

过梁表（混凝土强度等级为C20）

L	截面形式	h	a	①	②	③
≤1000	A	120	240	2Φ10		Φ8@150
1000≤L<1500	A	120	240	3Φ10		Φ8@150
1500≤L<1800	B	150	240	2Φ12	2Φ8	Φ8@150
1800≤L<2400	B	180	240	3Φ12	2Φ8	Φ8@150
2400≤L<3000	B	240	240	3Φ14	2Φ10	Φ8@150

（注：荷重仅考虑L/3高度墙体自重，当超过或梁上作用有其他荷载时，另行计算。）

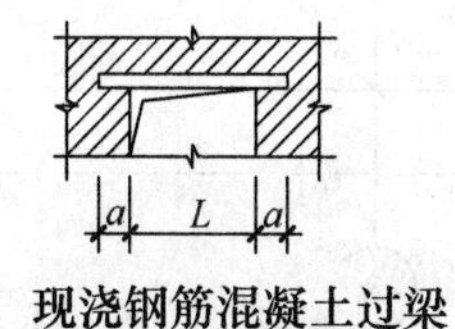

现浇钢筋混凝土过梁

荷重仅考虑1/3墙高

结构设计总说明						编号	
审核		校对		设计		页	1/3

工程名称：学院北大门

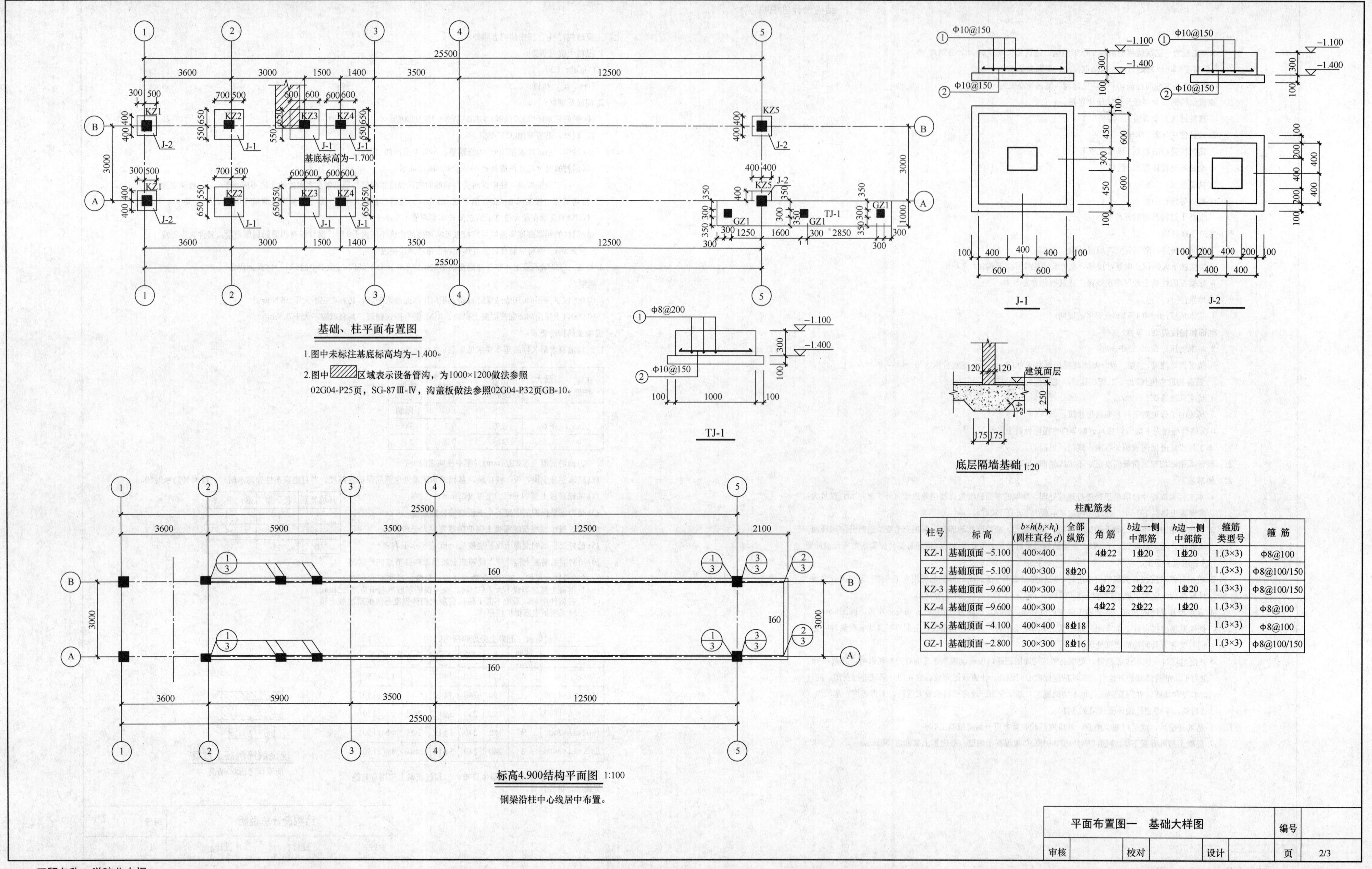

柱配筋表

柱号	标高	$b \times h(b_i \times h_i)$ (圆柱直径d)	全部纵筋	角筋	b边一侧中部筋	h边一侧中部筋	箍筋类型号	箍筋
KZ-1	基础顶面 −5.100	400×400		4Φ22	1Φ20	1Φ20	1.(3×3)	Φ8@100
KZ-2	基础顶面 −5.100	400×300	8Φ20				1.(3×3)	Φ8@100/150
KZ-3	基础顶面 −9.600	400×300		4Φ22	2Φ22	1Φ20	1.(3×3)	Φ8@100/150
KZ-4	基础顶面 −9.600	400×300		4Φ22	2Φ22	1Φ20	1.(3×3)	Φ8@100
KZ-5	基础顶面 −4.100	400×400	8Φ18				1.(3×3)	Φ8@100
GZ-1	基础顶面 −2.800	300×300	8Φ16				1.(3×3)	Φ8@100/150

工程名称：学院北大门

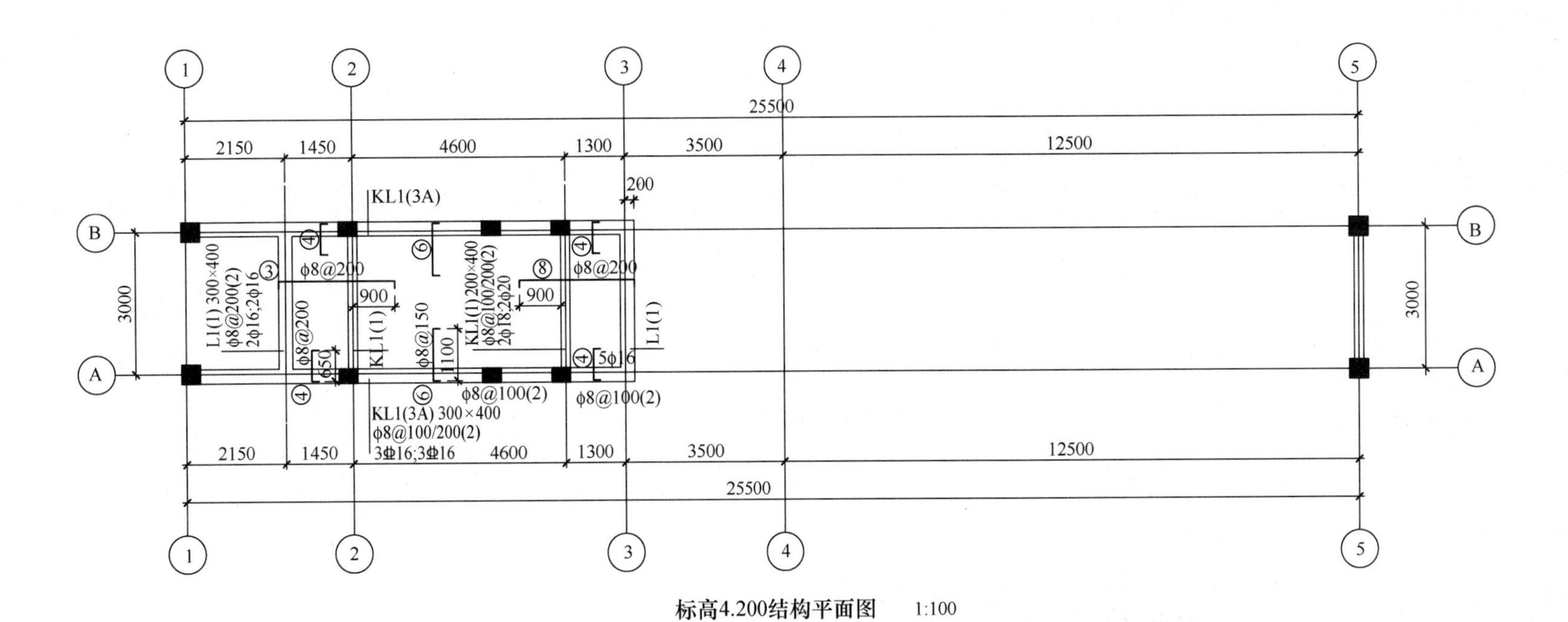

标高4.200结构平面图　1:100

1.图中未标注的楼板板厚均为100mm。

2.图中除注明外未标板底配筋均为⌀8@200双向布置。

3.梁定位除注明外均沿轴线居中布置或贴柱边齐。

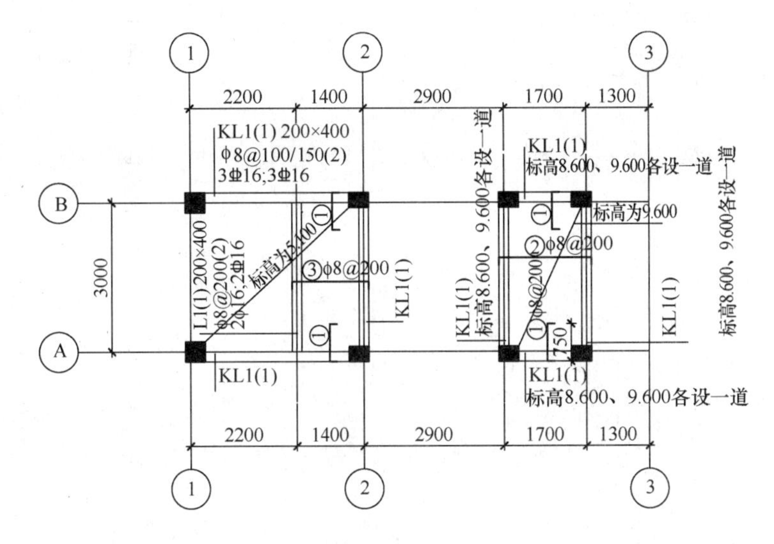

构架结构平面图　1:100

1.图中未标注的楼板板厚均为100mm。

2.图中除注明外未标板底配筋均为⌀8@200双向布置。

3.梁定位除注明外均沿轴线居中布置或贴柱边齐。

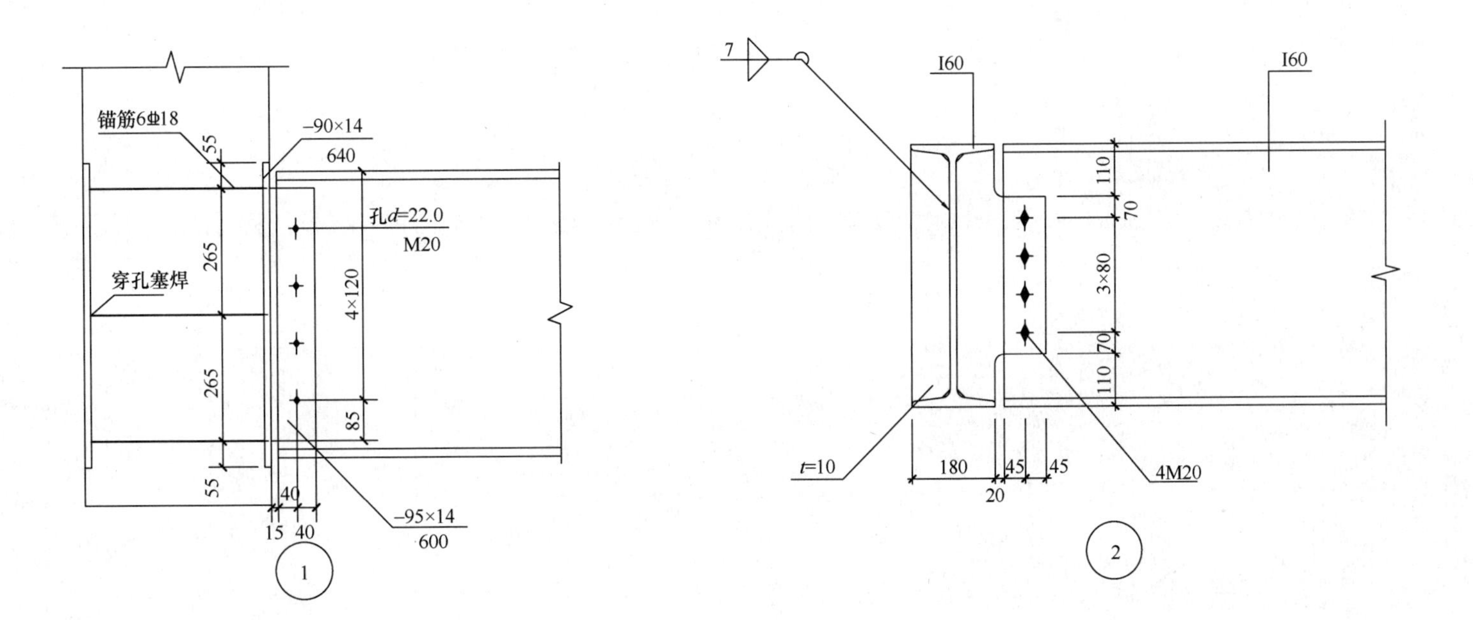

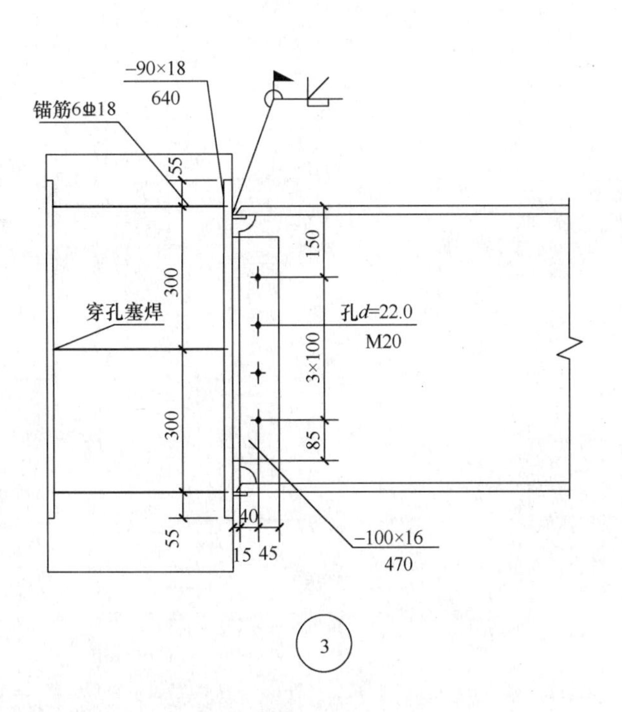

平面布置图二、大样图						编号	
审核		校对		设计		页	3/3

工程名称：学院北大门